JN231890

Mathematics that bridges universes

The shock of IUT theory

宇宙と宇宙をつなぐ数学

IUT理論の衝撃

加藤文元

Kato Fumiharu

角川書店

宇宙と宇宙をつなぐ数学　ＩＵＴ理論の衝撃

はじめに

この本の目的は、望月新一教授が、整数論の非常に重要で難しい予想問題である「ABC予想」に関連して発表した「宇宙際タイヒミュラー（IUT）理論」について、広く一般の読者にわかりやすく伝えることにあります。IUT理論は2012年に望月新一教授によって発表されて以来、一般社会でもさまざまな形で話題となりました。また、数学者のコミュニティーも、これに対してさまざまに反応をしてきました。残念ながら、現在までのところ、まだ専門雑誌にアクセプトされるという形で事態は解決していませんので、数学界はまだ完全にこの理論を受け入れたことにはなっていません。

欧米や日本も含めて、世界中の多くの数学者たちにとって、IUT理論の受けとめられ方はさまざまですが、多くの場合、次のような印象をもたれている感があります。「IUT理論とは単に新奇な抽象概念が恐ろしく複雑に絡まりあっている理論装置で、その中身はあまりに複雑なので、それをチェックすることは人間業では到底困難である」。したがって、だれもその真偽をチェックできない以上、これ以上まともに請けあってもしょうがないと、多くの数学者たちは考えているようです。また、この理論に疑義を唱えている数学者もいます。望月教授はそのような何人かと、2018年の春に京都で議論する機会があり、数学者のコミュニティーではかなり話題になりましたが、そこでもこの論争に対して結論的合意に達することができませんでした。このことも、IUT理論についての上記のような印象に拍車をかけているようです。

筆者は、IUT理論は「単なる抽象概念の複雑な絡まり」などではないと考えています。それはひとつの数学の「やり方」として極めて自然なものです。この点は、望月教授本人や、多くの関係者の不断の努力によって少しずつ理解者が増えている一方で、今現在に到っても大部分の数学者たちにはなかなか浸透していないのが現状です。

この本では、IUT理論がそれこそ数学者ではない一般の人たちにもわかってもらえるような「自然な考え方」に根ざしている、ということを中心テーマに据えたいと思います。そうすることで、IUT理論のような数学の専門家だけにしかアクセスできないような技術的に困難な理論がその背後に擁している基本思想を、一般の読者にもわかりやすく伝えられますし、IUT理論が将来起こすかもしれない数学上の革新について実感してもらえることでしょう。また、IUT理論は複雑な理論装置でしかないと思っている数学者たちの印象を、少しでも緩和することもできるかもしれません。

IUT理論の詳細な数学的内容の技術的検証は、査読者やIUT理論の研究に携わっている研究者の仕事であり、その点について、本書は何か新しい寄与をしようとするものではありません。むしろ、仮に現在の状態がしばらく続くとしても、IUT理論の根底にある自然な考え方や思想そのものの重要性は変わらないでしょう。実際、だれか別の人が別の角度から、IUT

理論と同様の考え方や思想に基づく理論の定式化を与えることだってあり得ると思われます。そういうことを、本書では読者に伝えたいと思っています。

本書では、それだけでなく、より一般的な見地から数学と社会とか、数学と産業といった広範な話題についても触れたいと思っています。というのも、今現在、世界では数学と社会の関わりについて、これまでの歴史にはなかった新しい流れや関係性の構築が始まっているように思われるからです。現代という時代は、以前に比べても飛躍的に、数学が社会のいたるところに見られる時代です。本書の前半を読めば、実は私たちのポケットの中にだって、現代的でとても高級な数学が入っていることがわかるでしょう。そういう意味で、ここで改めて数学という学問や、数学者の仕事について読者の皆さんにお伝えすることは、社会と数学という観点からも意義深いことだと思います。

いずれにしても、ＩＵＴ理論をめぐる数学界の状況は、数学の現在と未来、そして数学と社会という視座からも、数学と数学界のさまざまな姿を浮き彫りにしてきました。数学のような、答えの真偽がはっきりしている世界で「正しさ」にまつわる論争が起こるということ自体、一般の読者にとっては不思議なことに思われるでしょうし、にわかには信じがたいかもしれません。しかし、このような現状が、かえって数学という学問の多様性や豊かさを示しているとも言えるでしょう。そういう意味では、この本は、数学関係の本としては、今までになかった種類のものであると言えるかもしれません。

本書の内容は、２０１７年10月に行われた数学イベント「MATH POWER 2017」における筆者の講演がもととなっています。したがって、この講演に際してお世話になった方々には、本書の執筆においてもお世話になっていることになります。

特に、講演や本書の執筆を筆者に提案し、その内容について相談に乗っていただいたカドカワ株式会社の川上量生氏と、講演のスライド作成に尽力していただいた株式会社ＵＥＩの清水亮氏に感謝したいと思います。川上さんには、本書の解説も書いていただきました。また、本書の実際の執筆に際しては、株式会社ＫＡＤＯＫＡＷＡの郡司聡さん、大林哲也さん、堀由紀子さんに大変お世話になりました。

そして、最後に、いろいろな行きがかり（それがどのようなものかは、本文を読んでください）から私にこのような素晴らしい機会を与えてくださった、古くからの友人である望月新一教授に感謝の意を表したいと思います。

２０１８年12月　大岡山にて

加藤文元

刊行によせて

望月新一（IUT理論提唱者）

まず、十数年前の話に遡りますが、当時まだ開発途中の段階にあった「宇宙際タイヒミューラー理論」の主な考え方や関連した数学について加藤文元氏と議論するためのセミナーを始めたのは2005年の夏でした。当時の自分の心境を考えると、まさか十数年後に、加藤氏が一般社会向けに理論を解説するという形の書籍を書き、その巻頭言を依頼される日が来るとは夢にも思っていなかったに違いありません。

より詳細な解説は本文に譲りますが、「宇宙際タイヒミューラー理論」という理論は一言で言うと、「自然数」と呼ばれる「普通の数」（＝つまり、1、2、3、…）の足し算と掛け算からなる、「環」と呼ばれる複雑な構造をした数学的対象に対して、その足し算と掛け算という「二つの自由度＝次元」を引き離して解体し、解体する前の足し算と掛け算の複雑な絡まり合い方の主立った定性的な性質を、一種の数学的な顕微鏡のように、「脳の肉眼」でも直感的に捉えやすくなるように組み立て直す（＝再構成する＝「復元」する）数学的な装置のようなものです。

足し算と掛け算は、分離して「環」の構造を解体する前の時点においては非常に「固い」（＝

ある数学的な文脈においては有名な表現を用いると、「尋常ならざる剛性」のある）関係にあり、その関係を勝手に「揺すったり」、「変形したり」することは（少なくとも従来の数学の「常識的な道具」をどんなに頑張って総動員しても）到底叶わない芸当と見做されてきました。

一方、宇宙際タイヒミューラー理論では、この足し算と掛け算の間にある「底なしに固いはずの関係」を解体して変形を施すことがまさに理論の核心的な部分に対応します。しかも、単に解体して変形を施すだけでなく、固いはずの関係を再構成する際、きっかり元の固い状態のものとして再構成するのではなく、様々な「緩み」＝「不定性」が必然的に付随してしまう、「ゆるゆる」な状態で復元するのです。言い換えれば、復元後の、足し算と掛け算の関係というのは、本来の固い関係そのものではなく、本来の固い関係に対する「一種の近似」でしかありません。

足し算と掛け算の本来の固い関係に対して、この「ゆるゆる」な状態をもたらす、復元の際の様々な種類の「不定性」ですが、これは（恐らく多くの一般人も共有している）数学界に本来あるはずの素朴な感覚で捉えようとすると、単なる「新しく発見された一数学的現象」として理解し、淡々と論理的に受け入れればよいはずのものですが、幸か不幸かは別として、どんなに優秀な数学者でも、人類社会の中で生活を営む「人の子」であるに変わりありません。

実際のところ、「不定性」＝「一種の近似」という現象自体はこれまでの数学文化から見ても決して新奇性の著しいものではなく、例えば解析学（＝高校で習う数列の極限や微積分の延長線上にある数学の一分野）では、所望の「解」をきっかり求めるという目標を放棄し、所望の「解」に対する「近似」にしかならない不等式を示したり、「プラスマイナス幾つの範囲内に解がある」

というような性質を証明したりすることは昔からよく用いられる手法です。

しかし、ある意味においては数学という学問の誕生以来、「緩み」＝「不定性」は到底あり得ない、考えられないものとして認識されてきた「足し算と掛け算の間にある固い関係」＝「環の構造」においても、「緩み」＝「不定性」は数学的に意味のある形で存在し得るものであるという趣旨の理論は、「環」や「数」の構造・性質を研究する「数論幾何学」という分野の多くの（特に欧米の）研究者にとっては、受容可能な範囲をあっさり飛び越えた、余りにも衝撃的な事象として受け止められたようです。

実際、多くの著名な研究者が長らく「あり得ない」ものとして認識してきたものを、「立派にあり得る」ものとして受け入れてしまうとなると、夥しい数の社会的な構造や組織、地位等が立脚している、底なしに「頑丈」とされてきた様々な形の「固定観念」や「評価の物差し」を根底から否定し、覆すことを意味するはずです。しかも、この従来の「固定観念」や「評価の物差し」に対する否定効果は、数論幾何学という数学の一分野に対する「一次的」な現象に止まる表面的な性質のものではなく、数学とは直接無関係な、一般社会の様々な構造や組織、地位等に対しても少なからず波及効果を及ぼすことは恐らく多くの関係者からすれば容易に想像が付くでしょう。その意味においては「衝撃的」との受け止め方には一定の合理性は認められます。

本文でも様々な歴史的な事例との比較が登場しますが、「底なしに固い」とされていた概念的な構造の中に、実は何等かの「不可避の内在的な緩み＝不定性」が存在するという形の発見＝発想の転換を軸に考えると、次のような事例が頭に浮かびます。

・大航海時代のヨーロッパで、ガリレオ等、地動説を主張した人たちが様々な形での社会的弾圧に遭った。地動説はまさに、宇宙の中心に完全に固定された状態の絶対的なものとして存在すると考えられていた地球は実は自然界の何等かの大きな力によって動かされて太陽を回っているとする説である。

・20世紀初頭〜半ばまでのドイツ語圏で、アインシュタイン等が深く関わった相対性理論や量子力学のような、理論物理学の目覚ましい発展があった一方、その発展を育んだ学問的風土を強く否定する趣旨の言論もあった。相対性理論は、時空の幾何が、一つの固定されたユークリッド空間（＝「平たく」言うと、平面の高次元版）のような構造をしているのではなく、局所的な近似としてはユークリッド空間のような構造をしているものとして捉えることができても、大域的には必然的にユークリッド空間から外れた歪み＝局所的なユークリッド的座標の「ぶれ」が発生する構造をしていることを意味する理論である。一方、量子力学の場合、素粒子の力学は、一つの固定された数学的な仕組み（＝古典力学に出てくるような微分方程式等）によって完全に確定的に決定されるものではなく、いわゆる「不確定性原理」に代表されるように、様々な可能性に対する確率論的な分布という形でしか計算することができない、必然的かつ内在的な「不定性」を抱えている性質のものであることが、理論の中心的な主張となっている。

前記のいずれの場合においても、理論の中に登場する理論上の「不可避の内在的な緩み＝不定性」が否定している「固定された確定性」が、当時の社会の多くの人々が抱いていた社会的な固定観念や、「安直な確定性」への飽くなき欲求と何等かの形で結び付き、理論に関わっている研究者をも巻き込むような社会的状況を生じています。このような状況は一定の距離を置いた「高み」から俯瞰すると実に興味深く、数学的な理論と社会のこうした絡まり方に対しては一種の「数学的な美しさ」さえ覚えることがあります。

一方、社会の過渡期の真っ只中で生活する民衆に対して、多少の苦みを伴う「薬」と認識されても、「安直な確定性」への欲求から生じる社会の矛盾を炙り出し顕在化させ、その矛盾を乗り越えるための方向性を指し示す、「心の道しるべ」としての役割を果たすことが、真に革新的な内容を掲げた純粋数学の最も本質的な存在意義、ひいては「応用」と考えるべきではないでしょうか。半世紀近く生きてきた人生の、数々の印象的な場面や「分岐点」を振り返ると、つくづくそのように感じるところです。このような観点から考えても、本書が数学的な理論と社会を繋ぐ、有意義な「緩衝材」・橋渡し役としての機能を果たす可能性に、大変期待を寄せている次第です。

（京都大学教授）

２０１８年11月

第3章 宇宙際幾何学者

第4章 たし算とかけ算

装丁　芦澤泰偉

第1章 IUTショック

「イエス、グーグル！」

2012年8月30日、京都大学数理解析研究所の望月新一（もちづきしんいち）教授が、自分のホームページ上に総ページ500超の四編の論文を公開しました。望月教授が発表したこの論文は、彼の10年以上にも及ぶ努力の結晶です。しかも、そこでは「ABC予想」という非常に有名で、数学にとって極めて重要な予想を解決したと主張されています。ABC予想についてはこの本でも後に触れますが、これはこれ一つだけで整数論における多くの未解決問題をいっぺんに解決してしまうほどの、極めて影響力のある重要な問題です。しかし、それだけにこの問題の解決はとても難しく、いままで世界中の数学者たちは、ほとんどまったく手も足も出ませんでした。

ですので、人類がこの問題を解決するのは、ずっと先の未来のことだろうとも考えられていたと思います。望月教授の論文は、このABC予想の解決を主張しているということだけでもすでに驚くべきものです。ですから、彼の論文の発表は、当然のことながら、世界中の数学者たちを瞠目（どうもく）させました。

自然科学や科学技術の世界での大きな発見が、マスメディアを通じて一般の人の目にも届くということは、最近では特に珍しいことではなくなってきたように思います。ノーベル賞受賞のニュースに日本中が沸き立つのは当然ですが、そういう特別の機会でなくても、科学や技術における新しい発見や発明が、テレビのニュースやドキュメンタリー番組などで紹介されるのを、我々はよく目にします。そういう意味では、自然科学や科学技術は、ますます身近なものになってきたとも言えるかもしれません。

そんな中にあっても、こと数学については、一般的に言って、メディアが大きく取り上げることはあまりないように思います。数学の世界では大きな発見が少ないから、というわけでは決してありません。とかく数学は他の自然科学などと比べても格段に抽象度が高いので、なかなかニュースにはなりにくいのでしょう。また、ノーベル賞には数学賞がないということも、数学の進展があまりお茶の間に届かないことの要因の一つかもしれません。(1)

しかし、望月教授のこの論文については、数学界のみならず、ジャーナリズムの世界からも強い関心が寄せられました。そして、それによって、数学界の内外からも、このニュースに対して様々な反応がありました。

驚くほど独創的で、一般社会に対しても強烈なインパクトを放ったこの仕事に対して、数学者のコミュニティーや一般の社会は、当初どのような反応を示したのでしょうか？　そして、実際のところ、事実関係はどのようなものだったのでしょうか？　これらを一つ一つ明らかにしていくためにも、数学者やジャーナリストらを巻き込んで繰り広げられた、この事態の推移について、いま一度ここで振り返ってみる価値があります。

冒頭に書いたように、望月教授が論文を発表したのは2012年8月30日のことでした。彼はこの日、論文の公開に先立って、同僚で京大数理研の玉川安騎男（たまがわあきお）教授に、間もなく論文を公開する旨を伝えていました。玉川教授は、望月教授とは単に同僚であるという以上に、数学の専門から言っても、個人的にも親密な人です。ですから、玉川教授はその論文の中で展開されている新しい理論の中身や、その影響力の大きさなどについて、非常に深く理解していたでしょうし、それが完成間近であることも、よく知っていたものと思います。

しかし、望月教授は、彼の新理論の中身を、玉川教授のような身近な同僚だけに打ち明けていたわけではありません。実はそうではなくて、かなり多くの人たちに、すでにその中身を明かしていました。例えば、2010年10月に京大数理研で開催された国際研究集会(2)では、世界中から集まった専門家たちの前で、そのほぼ完成された姿の概要を英語で講演しています。この講演は1時間だけの短いものでしたが、英国エクセター大学のモハメド・サイディ教授のような、望月

(1) 数学における最も権威ある賞は「フィールズ賞」というものですが、これは4年に一度しか受賞者が出ませんし、40歳未満という厳しい制約もあります。日本では過去に小平邦彦（1954年受賞）、広中平祐（1970年受賞）、森重文（1990年受賞）の三氏が受賞しています。

(2) Joint MSJ RIMS Conference: The 3rd Seasonal Institute of the Mathematical Society of Japan, "Development of Galois Teichmüller Theory and Anabelian Geometry", October 25–30, 2010. 望月教授は10月29日の午前10時から11時まで、"Inter-universal Teichmüller Theory: A Progress Report" というタイトルで講演しています。

教授の専門に近い分野の専門家にとっては、大変興味深いものでした。[3]

以上のようなわけですから、望月教授がついに自分の論文を発表するその日がやって来ることは、多くの数学者にとって、十分に予想できたことでした。それは、彼の周辺の身近な人たちだけでなく、少なくとも近い専門の数学者一般にとってもそうでした。

その後の事実関係を続けましょう。玉川教授は、望月教授から論文発表が近いことを知らされると、そのニュースをノッティンガム大学教授のイヴァン・フェセンコ教授にメールで連絡しました。この報せを受けて、さらにフェセンコ教授は、彼の知っている数十人もの数学者たちに、即座にこのニュースをメールで伝えたそうです。玉川教授がフェセンコ教授にメールで第一報を送ったのが、望月氏による論文公開の前か後かはわかりませんが、いずれにしても、プラス・マイナス数時間の間に起こったことであるのは間違いありません。というわけで、望月教授の論文は8月30日中には、すでにかなり多くの専門家によって知られるものとなっていました。

望月教授は自分の理論をだれにも話さず、じっと孤独に作り上げたとか、その論文を「静かに」、そしていくぶん唐突に、あるいは、だれにも気付かれないようにコッソリと公開して、あとは人々が気付くのを座して待った、というようなストーリーが、ジャーナリストのブログなどで語られているのが散見されますが、事実は右のようなわけでした。

とはいえ、もちろん、これとはまったく違った経路で、論文の公開を知った数学者も多かったはずで、そのような多くの人にとっては、彼の論文は唐突に思えたかもしれません。例えば、ある科学ジャーナリストのブログ[4]には、望月教授が論文を公開して3日後の9月2日に、ウィスコンシン－マジソン大学の数学教授ジョルダン・エレンバーグが論文を偶然見つけたときのことが、とてもドラマティックに語られています。彼はグーグルスカラーの自動検索サービスで望月教授の論文を初めて知りました。「これに興味がおありかもしれません（You might be interested in this）」という自動メッセージに、「イエス、グーグル！　僕は興味あるよ！」と心の中で叫んだのだとか。

気付いた経路がどうあれ、論文を発表してから遅くとも一週間もすれば、望月教授の論文は世界中のほとんどの数学者に、その存在が知られるようになったことは間違いないでしょう。彼らはすぐにその論文の重大性を理解したはずです。なにしろ、そこには「ＡＢＣ予想」という非常に有名で、とても難しい問題とされていた数学の予想を解決した、と主張されているのです。

そうであればこそ、数学者のコミュニティーのみならず、数学や科学関係のジャーナリズムの世界をも巻き込んで、ネット上でも活発な議論が始まったというわけです。9月も中旬になれば、世界中の主要メディアがこのニュースを取り上げ始めました。「世界一解決困難な数学の問題ついに陥落（World's Most Complex Mathematical Theory 'Cracked'）」（テレグラフ紙）や「数学の謎にブレイクスルーか（A Possible Breakthrough in Explaining a Mathematical Riddle）」（ニュー

（3）望月教授とサイディ教授の共通の専門の一つに「遠アーベル幾何学」というものがあり、これは望月教授の理論の中で、大変重要な役割を果たします。なお、遠アーベル幾何学については、後に第3章で、一般の読者向けの簡単な解説を行います。

（4）"The paradox of the proof" by Caroline Chen; http://projectwordsworth.com/the-paradox-of-the-proof/

ヨークタイムズ）などの見出しが躍ったのは記憶に新しいでしょう。日本でも、9月18日には共同通信社がこのニュースを報じたのを皮切りに、大手メディア各社によって報じられました。

国際、銀河際、宇宙際

望月教授が新しい四編の論文の中で展開している理論は、従来の数学とは、その視点や方法論、基本理念にいたるまで、とにかく根本的に違っている、非常に新しいものです。それがどのくらい新しく、どのように従来の数学の発想とは異なっているのかをわかりやすく解説することも、この本の重要な目的です。この理論は望月教授本人によって「宇宙際（うちゅうさい）タイヒミューラー理論（Inter-universal Teichmüller theory）」と名付けられました。これを今後は、しばしばその英語名の頭文字をとって、手短に「ＩＵＴ理論」とも呼ぶことにします。

ここで少しだけ、この名前の由来について触れておきましょう。まず最初に、タイヒミュラー（Teichmüller）というのは人名です。オズヴァルト・タイヒミュラー（Oswald Teichmüller, 1913–1943）という数学者で、彼の名前を冠した「タイヒミュラー理論」というのが、すでにかなり昔から数学の世界にありました。この理論がどういうもので、それと望月教授の新しい理論とはどのような関係にあるのかについては、後で触れることになるでしょう。

他方、宇宙際（Inter-universal）という呼び名の方は、もう少し詳しい説明ができます。我々は国と国との間の関係や問題などについて論じるとき、「国際（international）」という言葉を使います。「国際的」であるというのは、国内だけにとどまらず、いろいろな国を行き来したり、それらの関係を議論したりするときに使う言葉です。これは「間の」を意味するinterと、国を意味するnationが合わされてできた複合語です。もし、もっとスケールが大きくなって、例えばSFの世界のように、銀河と銀河を行き来するような場合は、interと「銀河的」を表すgalacticを合わせて、inter-galactic（銀河際）という言葉を使うことになるでしょう。さらにスケールを大きくして、複数の宇宙の間を行き来したり、その間の関係について考えたりするようになれば、そのような事柄について「宇宙際（inter-universal）」という言葉を使うことになると思います。

望月教授による「宇宙際」の命名も、これと同じことです。ただ、これは数学の理論での話ですから、SFや理論物理に出てくるような並行宇宙（パラレルワールド）や多世界宇宙（マルチヴァース）とは関係ありません。

このあたりの話は後にもっと詳しく解説することになるので、ここでは簡単な説明にとどめます。我々にとって普通の意味での「宇宙」とは、我々が生き、それについて思考したり、科学したりするあらゆるモノと場所と時間の一式です。もちろん、ときとして我々は宇宙の外側とか、別の宇宙とかを空想することはできるでしょう。しかし、我々にとって宇宙とは、そこであらゆる活動や思考を行う舞台であり、その外のことは通常は考えることのできない限界なのであり、「すべての物事の一式」であることに変わりはないでしょう。

望月教授は数学においても、同じようなことを考えます。つまり、我々が数学をする上での「数学一式」というものを考えるわけです。それは我々が普段の数学の様々な計算や理論を証明した

アレクサンダー・グロタンディーク
(1928−2014)
写真　ユニフォトプレス

りする限界であり、その舞台です。その数学一式の舞台のことを、彼は「宇宙」と呼んでいるのです。

とすれば、「宇宙際」という言葉で彼が言い表そうとしている意味は、つまり、その数学一式が展開される舞台としての「宇宙」を複数考えて、それらの間の往来や関係について論じるということになります。ＩＵＴ理論の発想の根本的な新しさの一端がここにあります。

数学における対象化された「宇宙（universe）」概念は、すでに20世紀半ばのグロタンディークによるものがありました。しかし、望月教授の発想は、この「宇宙」の捉え方や使い方など多くの側面で、とても独創的であり、同時にとても自然なものになっています。それがいかに独創的で自然な発想に根差したものかは、この本を読み進めていくうちに、読者の皆さんにもだんだんにわかっていただけるものと思います。

未来からやってきた論文

「宇宙際」という言葉についてほんの少し説明をしただけでも、ＩＵＴ理論が主張する内容の斬新さの、最初の片鱗が伝わってきたと思います。そして、それがあまりにも根本的に新しい考え方を要求するものであるからこそ、この理論は数学者にとってさえ、なかなか理解することの難しいものです。それは技術的に難しいから、というわけではありません。それがまったく新しい考え方や、いままでだれもしてこなかったような理解の仕組みを要求しているからです。

数学者は数学を専門とする人たちですから、もちろん数学についてはいろいろとよく知っていますし、数学を考えることは得意です。しかし、だからと言って、新奇なものに対して普通の人より免疫があるというわけではありません。それはまったく別問題です。むしろ、我々普通の数学者は、修業時代であった学生の頃から一貫して、現代数学という一つのパラダイム[5]の中で生きています。そして、ほとんど無意識に、いろいろな問題に対してこのパラダイムを当てはめて考えてしまっています。

それが悪いことだと言っているわけではありません。そのようなパラダイムは、数学者の社会の中で共通の認識を可能にし、数学の様々な理論の進歩や深化を円滑にするのです。ですから、なんらかのパラダイムの中で仕事をしようとすることは、決して悪いことではありません。というより、人間の認識や理解の仕組みの根幹を成立させているのがパラダイムなのですから、基本的にはその中で思考することしか、我々にはできないのだとも言えます。

しかし、IUT理論のような新しいものが出てくると、普段のパラダイムの中に無意識的に浸

（5）ここで使われている「パラダイム」とはトマス・クーン『科学革命の構造』（中山茂訳、みすず書房、1971年）における用語で、一つの時代や科学の各分野における支配的な研究上の規範、視点、枠組みなどの意味。

かってしまっていては、もはや戸惑うしかなくなります。それは柔軟性の問題でもあるでしょうが、もっと根本的には「慣れ」の問題です。

数学者は数学の論文を読むスピードは、おそらく一般の人々よりずっと速いでしょうし、数学の問題を解くことも、平均的には一般の人よりよくできるでしょう。しかし、それは彼らがそのような考え方や思考パターンに慣れていて、しかもそれを毎日のように繰り返しているからです。ですから、慣れていない問題や理論に出くわしたら、数学者といえども最初はまったく手が出ません。もちろん、まったくの素人さんよりは適応力があるかもしれませんが、その分のアドバンテージを除けば、一般人とスタートラインは同じです。ですから、たとえ数学者であっても、「宇宙際」のようなまったく新しい考え方に直面すれば、きっと戸惑うに決まっているのです。

いや、彼らにとって戸惑いは、もっと初期の入り口の段階で、すでに大きなものでした。なにしろ、望月教授が自分のホームページに貼り付けた新しい論文は、その総ページ数が500ページを超える長大なものです。それは500ページの長編小説ではなく、数学の論文です。しかも、それはまだだれも知らない、まだ人類史上だれも書いたことのない、新しい理論が書かれている論文なのです。前出のエレンバーグ教授も、その論文に最初に目を通したときのことを回想して、次のように言っています。「それを見てみると、ちょっとまるで未来からやってきた論文のようにも、宇宙の外からやってきた論文のようにも思われるのだ（Looking at it, you feel a bit like you might be reading a paper from the future, or from outer space）[6]」。

ですから、望月教授の論文は、最初から新しい概念と記号の連続です。それには数学者であっても圧倒されてしまいます。なぜ、数式や数学記号に強いはずの数学者が圧倒されてしまうのでしょうか？　それは、繰り返しになりますが、要するに「慣れ」ていないからです。慣れていない、まったく新しいものであるからこそ、そこに現れる概念の相互の関係や、もっと言えば、それらの「意味」を咀嚼（そしゃく）し、了解することが難しいのです。意味もわからないただの記号の羅列だったとしたら、ただの「暗記モノ」になってしまいます。そして、暗記モノがどこまでも延々と続けば、数学者だって嫌になってしまうのは、普通の人と同じです。

それだけではありません。望月教授のこの四編の論文に展開されている理論は、彼の過去の論文の多くを土台として組み上げられています。ですから、彼のＩＵＴ理論を理解しようとするには、最初にこれらの過去の論文をたくさん読んで、その中身に親しんでおかなければなりません。そのために読破しなければならないページ数は、１０００ページ超にもなるでしょう。ですから、ＩＵＴ理論にまともにアタックすることは、数学者といえども、並大抵の根性では不可能なことなのです。

もっとも、望月教授の身近にいて、彼と個人的な議論ができるような恵まれた環境にいるなら話は別です。論文や本などの「書かれたもの」だけから知識を吸収しようとするより、口頭で互いにフォローアップできる環境で、双方向的な議論を通して理解を深めていく方がずっと有利なのは、数学でも数学でなくても事情は同じです。実際、前出の玉川安騎男教授や、同じく京大数

（6）　"The Paradox of the proof", ibid.

理研の星裕一郎准教授、山下剛講師といった人々は、論文発表の前後に彼の身近にいた人々で、IUT理論をとてもよく理解していらっしゃいます(7)。

しかし、そうでない数学者にとって、事態は容易ならぬものです。それでなくても自分の仕事で忙しい身の数学者が、駆け出しの頃の気持ちに立ち返って、1000ページを超えるような難しい理論を、その初歩から勉強しようと思うでしょうか？　おそらく、ある程度以上の年齢の数学者は、そのようなことを始める気にはとてもなれなかったと思います。

では、学生さんのような若い人ならやる気になるでしょうか？　彼らとて、いまだに海のものとも山のものともわからない、そしてなにしろまだ一握りの研究者にしか受け入れられていない理論に、自分の大事な修業時代を捧げる決心をするでしょうか？　若い駆け出しの研究者は、大学の教員のポストに就職するためにも、早く数学者の社会で認められたいと思うものです。となれば、並大抵の根性では吸収できない上に、まだ少数の研究者しか認めていない新奇なものに手を出すことには、あまりにも高いリスクが伴います。

というわけですから、望月教授の仕事をまともに勉強しようと試みた人は、数学者の中でも、当初はそう多くはなかったでしょう。

数学界の反応

通常、数学の世界で新しい大仕事が発表されると、多くの人が興味を示すものですし、若すぎたり引退したりした世代はともかくとしても、若手や中堅の研究者の中から、理論を真剣に勉強して理解しようという人たちが、少なからず出てくるものです。ファルティングスがモーデル予想を解決したときもそうでしたし、ワイルズがフェルマーの最終定理を解決したときもそうでした。

このうち、後者のワイルズによるフェルマーの最終定理の解決はとても有名ですし、その物語を描いたBBC製作の番組が日本でも放映されましたので、憶えている読者も多いでしょう（フェルマーの最終定理にあまり馴染みのない読者のために、囲み記事で短く説明をしましたので、ご覧ください）。これに対して、前者のモーデル予想については、あまり一般には知られていないかもしれません。しかし、これも数学者の社会においては、非常に影響力の大きい事件でした（モーデル予想については、後の第3章で簡単に解説します）。

ピエール・ド・フェルマー
（1601－1665）

いずれにしても、このような数学界における「事件」が起こると、いつも決まって、専門家たちによる真剣な議論が始まるのが常です。しかし、今回は少し事情が違っていました。論文が発表されて数ヶ

（7）他にも、IUT理論の研究集会の組織委員をしている田口雄一郎教授（東工大教授）も、望月教授と親しい理解者の一人です。

月もすると、若手から老練な大学教授にいたるまで多くの数学者が、望月教授の論文を読んで理解することを諦め始めたのです。

数学者同士が情報交換するソーシャルネットや、個人のブログなどでも、論文が発表された当初は驚きと興奮の文字が躍っていたものですが、しばらくすると熱は冷めていきました。そして、そこから醒めてみると、必ずしも歓迎ムードばかりではない、疑念や不信感が交錯する複雑な状況となっていったのも事実です。まさに「IUTショック」とも呼べるようなでき事だったと思います。望月教授の論文が発表されてしばらく経った頃の世界の数学界の反応

3世紀頃のギリシャの数学者だったディオファントスは、13巻に及ぶ『算術（Arithmetica）』を著しましたが、その17世紀のラテン語訳版のピタゴラスの三つ組（111ページの囲み記事『ピタゴラスの三つ組』参照）の箇所に、フェルマーは次の書き込みをしました。「立方数を二つの立方数の和に分解したり、4乗数を二つの4乗数の和に、さらには、より一般の高いべきの数を二つの同じべきの数に分解することはできない。私はその真に素晴らしい証明を発見したが、この余白は狭すぎて、それを書き記すことはできない。」ここでフェルマーはnが3以上の自然数であるとき、

$$x^n + y^n = z^n$$

を満たす自然数（正の整数）の三つ組（x, y, z）は存在しないことを述べており、しかもその証明をもっていると言明しています。フェルマーが書き込みとして遺した他の主張のすべてが、彼自身あるいは後の人々によって、なんらかの形で解決したのに対して、この主張だけは証明も反証もされずに残りました。そのため、これは「フェルマーの最終定理」と呼ばれるようになりました。これは「定理」と呼ばれていますが、本当に定理になった（つまり証明された）のはフェルマーが書き込みを遺してから350年も後のことで、アンドリュー・ワイルズによって1994年に証明されました。

フェルマーの最終定理

には、様々なものがありました。そして、その多くは、あまり好意的なものではありませんでした。

　数学者たちの多くは、しだいに彼の理論から一定の距離を置くようになっていったと思います。論文が発表される以前には、望月教授がＡＢＣ予想の解決を含む大きな理論を構築しているらしい、ということが噂されるたびに、大きな期待と興奮を表明する人たちも少なくありませんでした。しかし、論文が発表されてしばらくすると、状況は少しずつ変わっていったように思います。ＩＵＴ理論の話になると、ちょっと困ったような顔をする人たちも出てきました。「その話については、なにも言えないよ」という感じで、その話題を敬遠しがちになっていったように思います。外国の研究集会のディナーなどで研究者たちとテーブルを囲むと、ときおりＩＵＴ理論のその後について話題になることもありましたが、話す彼らの論調は苛立ち、諦め、不信感といった内容になることが常でした。

　通常、数学の大きな理論は、少しずつ段階を踏んで、次第に完成されていくのが常です。それは複数の専門家によるレースのようなものでもあります。彼らは少しずつ新しいアイデアを出していって、それを論文にします。すると、他の研究者はそれに基づいて、次のステップのアイデアを出していく。そうこうしているうちに、専門家仲間の一人が最終的なブレイクスルーに到達し、問題が解決する。これが、数学の理論ができあがっていく、一つの典型的なプロセスです。このような状況であれば、理論ができあがっていく途中の段階から、すでに複数の専門家が参画しているわけですから、できあがった理論には、最初から専門家たちによって容易に受け入れら

アンドリュー・ワイルズ（1953−）
写真　AP/アフロ

れる素地があります。

もちろん、例外はあります。志村－谷山予想[8]を部分的に解決することで有名なフェルマーの最終定理を証明したアンドリュー・ワイルズは、自分がその問題を7年間もだれにも話さず、一人で孤独に理論を作り上げました。ですから、この場合、ワイルズが自分の証明を発表してから、それを数学界が吸収して理解するにいたるまでには、確かに時間がかかりました。しかし、ワイルズ自身が様々な場所で自分の理論の概要を、ときにはその細部にいたるまで説明したことが、数学者たちの理解の助けとなったことは非常に重要でした。

前にも述べたように、口頭による議論という形態は、質問・回答というフォローアップによって、少なくとも全体像を大まかに把握する上では、極めて有用な方法です。口頭による双方向的なコミュニケーションと論文の精読の両方を上手にこなしていくことで、次第にワイルズの理論の理解者は増えてきました。こうした理解者たちは、今度は自分たちの言葉で、ワイルズの理論について語り始めます。彼らは元祖のワイルズとは、また違った角度から、その理論を切り出し解説することで、今度は中核となる専門家集団の周辺部に属する、より広い範囲のオーディエンスに対して語りかけられるようになります。こうしてワイルズの証明は、いくつかの段階を踏んで、多くの人々の知るところとなりました。

望月教授の論文発表の状況は、よくワイルズの場合と比較されます。確かに、望月教授の最近の研究を知らなかった多くの数学者にとって、彼は何年もの間、孤独にだれにも話さずに自分の理論を創り上げたかのように映ることでしょう。しかし、右でも事実関係に即して述べたように、彼はまったく秘密裏に理論を構築していたのではありません。彼は自分の身の周りの同僚たちには、自分の理論の進捗（しんちょく）状況について、常に話していました。また、すでに述べたように、彼は論文を発表する2年も前の2010年には、国際研究集会でその概要を発表しています。ですから、望月教授の理論が出現したときの状況は、ワイルズの理論のときとは異なっています。

共通の言語

しかし、望月教授の理論の場合とワイルズ氏の理論の場合との本質的な違いは、もっと別のところにあります。ワイルズによるフェルマーの最終定理の解決の場合、その理論は基本的には通常の数学のフレームワークの中で、通常の数学の言語によって構築されたものでした。しかし、IUT理論の方は、既存の数学とは、その基本的な考え方のみならず、それが使用している言語がまったく異なるものです。

ここで新たな誤解が生じないためにも、すぐに強調しておきますが、この違いは理論の優劣や

（8） 志村・谷山予想とは、（第2章で簡単に述べることになる）楕円曲線というものについての深い予想です。すでに1980年代に、この予想が証明できればフェルマーの最終定理がしたがうということがわかっていました。

価値判断の問題とは、まったく関係ありません。価値判断についてなにか述べるとするならば、それはどちらの理論も極めて高度で素晴らしいものであるということに尽きます。これらの理論は、その土壌やモティベーションや、そもそも枠組みすらも異なっていますから、比較することはできません。

「理論の価値」なんて難しいことはいいから、とりあえず、それが数学的にどのくらい有用かで比較すればいいのでは？　という意見もありそうです。しかし、そのような見方が本当に適切なのか、そして有用さとはなんなのかについては、大いに議論の余地があります。例えば、ワイルズの理論はフェルマーの最終定理の解決のための理論であるとか、ＩＵＴ理論はＡＢＣ予想解決のための理論であるという捉え方は、わかりやすいですが、非常に一面的です。

ですが、とりあえず、そのように一面的だが、わかりやすい見方を採用したとしましょう。つまり、ワイルズの理論はフェルマーの最終定理の解決のためのものであり、ＩＵＴ理論はＡＢＣ予想解決のための理論であると解釈したとします。それでもなお、両者を安直に比べることはできません。なぜなら、ＡＢＣ予想の解決のために、ＩＵＴ理論は果たして本当に必要不可欠なものなのか、という点にも議論の余地があるからです。

確かに、望月教授にとって、ＩＵＴ理論を構築する上での重要なモティベーションの一つはＡＢＣ予想にありました。しかし、ＩＵＴ理論はそれ一つで単独の独立した理論体系であり、ＡＢＣ予想への応用とは一応切り離して考えるべきものである、というのが基本的な考え方です。

そもそも、ＡＢＣ予想を解決するためだけだったら、なにもＩＵＴ理論のような巨大な建築物を構築する必要はないのかもしれません。もしかしたら、いつかだれかが、既存の数学の枠内で、とても賢い方法を見つけて、それによって見事にABC予想が解かれてしまう、ということだって起こり得ます。というわけですから、単に既存の数学における問題の解決という目的だけに注目して彼の理論を眺めてみても、既存の理論と比べて、どちらがより価値が高いなどと比べることはナンセンスです。

いずれにしても、このようなわけですから、ワイルズの理論と望月教授の理論を、安易な価値基準で比較するのは無意味なことです。しかし、前者が通常の数学のフレームワークに属する理論であり、後者はまったくそうではない、という事実を指摘することは、決定的な意味をもちます。この違いは、非常に簡単に言えば、要するに言葉の違いです。望月教授は、言うなれば、だれも話したことのない、新しい言語を用いて理論を組み立てました。それは彼の発想が、既存の数学の言葉では語ることのできないほど、新しいものだったということです。ですから、彼はその論文を、その新しい言語の説明から始めなければなりません。彼の論文が全部で500ページ超と非常に長大であることや、それらを理解するために、彼の過去の論文の多くを読んでおかなければならないことの理由の一つが、ここにあります。

しかし、それだけでなく、それがまったく新しい言語で書かれていることは、この理論を世界中に広めるためのコミュニケーションの方法にも、従来とは異なるやり方が必要であることを意味しています。通常の場合は、いかに新しいアイデアや理論であっても、それが世界中の数学者によって話されている共通の言語で表現されている限り、すぐにでもコミュニケーションを開始することができます。もちろん、新しい理論を吸収することには、それなりの時間と労力が必要です。しかし、理論が世界中の数学者によって理解され、拡散していく過程で行われるコミュニケーションのやり方やツールは、通常通りのものでまったく問題ありません。

ここでいう「通常のコミュニケーション手段」として、数学者の世界で特によく行われるのは、セミナー形式の勉強会や、研究集会などでの講演というものです。もちろん、新しい理論が出て、その論文が発表されると、それを理解しようとする人々が最初にするべきことは、なによりもまず、その論文を読むことであることは、言うまでもありません。論文を十分にじっくり時間をかけて読み込めば、基本的にはだれでもその理論を理解できるようになるでしょうし、そもそも論文とはそういうことを想定して書かれています。

しかし、前にも述べたように、一人で座して論文を読むだけでなく、例えば理論を構築した本人のような、理論をよく知っている人と口頭でのコミュニケーションをもったほうが、非常に効率的で有利に理解を進めることができます。ワークショップ的なセミナーや、研究集会での講演によって企図されるのは、このようなことです。新しい理論やアイデアが出てくると、多くの場合、数学者はこうして論文を読むことと、講演や個人的な議論などの口頭のコミュニケーションをバランスよくこなすことで、その理解を深めていくわけですし、このようにして新しい理論の理解者の層も広がっていくわけです。

しかし、今回のＩＵＴ理論のように、それがそもそも通常の「数学語」では語れないようなものである場合、このような「通常のコミュニケーション手段」がそのままでは通用しないことは明らかです。それはそもそも言語が異なっているのですから、基層となる言語的部分や、基本的パラダイムのレベルから話を始めなければなりません。平たく言えば、違う言葉を話す二人の人が、なんとかしてコミュニケーションを始めようとするようなものです。

ですから、とりあえず望月教授に講演してもらって、やみくもにその概要を摑もうとすることは、あまり得策ではありません。1時間の講演では不十分なら、2時間、3時間では？　という問題ではないのです。講演やセミナーを始める前に、共通の言語を整えなければならないからです。

コミュニケーションパラダイム

ここで、「概要だけでも大雑把に話せれば、それだけでも講演する意味があるのではないか？」という反論があり得ます。実際、このような反論は、まだIUT理論がどういうものか知らないが、それをできるだけ効率よく知りたいと思う人なら、いかにも考えそうなことです。しかし、IUT理論の性格上、「大雑把な概要」を講演することは、通常のようにうまくはいかないかもしれません。

確かに、IUT理論のような新奇性の高い理論でも、通常の言葉になんとか翻訳して、その大まかな概要だけを話すというだけなら、講演というスタイルでもなにかはできるでしょう。しかし、そうすると中身は哲学的なものにとどまり、あまり数学的なものにはならないおそれがあります。

それだけでなく、IUT理論のように、あまりにも新奇で斬新なものだったりすると、通常の言葉に翻訳するには、多くの言葉や概念を巧みな比喩(ひゆ)を用いて説明するしかありません。「宇宙間航行」や「異なる宇宙の間の通信」などという、ちょっと奇想天外なSF用語にも聞こえる言葉を、大真面目に使用するしかなくなります。それは一般の人向けのポピュラーサイエンスの講義として、IUT理論を説明するときには効果的でしょうが、これを数学の専門家が集う研究集会の講演で行ったら、どうなるでしょうか?

数学者は(人にもよりますが)正確かつ精密で、しかも、できるだけ網羅性の高い説明を好みます。数学者にとって「正しい」ということは「証明が存在している」ということです。その証明にはいかなる細部にも「ギャップ」、つまり論理の飛躍があってはなりません。そして、ギャップの有無を判断する最終的な判断基準は、自分自身です。ですから、数学者は証明がギャップのない、水も漏らさぬものにならない限り、満足することはできません。

もちろん、1時間程度の講演で、そこまで詳細な証明がわかるというものでもありません。その点は数学者もよくわかっています。ですから、彼らは通常、講演などの口頭によるコミュニケーションでは大雑把な証明の輪郭を理解することを目指し、細部のチェックは論文を読むなどの別の方法で行います。

ここで「大雑把な証明の輪郭を理解」するということは、実は大変専門的なスキルを要することです。そして、この手の専門的なスキルは、講演する側にも要求されます。講演する側と、それを聞く側の両方が、業界用語や専門家の間で使われる専門的なレトリックをやりとりするからこそ、短時間で最大限の情報を伝達することができます。

数学者を目指す若い研究者は、現代的な数学を勉強するだけでなく、このスキルも身につけなければなりません。私も若い頃、国内外の研究集会などで様々な講演を聴いたり、自分でも講演をしたりしてきましたが、最初の頃はこのスキルが身についていないので、なかなかうまくできなかったことを思い出します。こういうことに慣れない頃は、他の人の講演を聴いても、短時間で理論の輪郭を摑むことは至難の業です。これは仕事上のスキルなのですから、数学の世界だけに限ったものではなく、どんな職種にもあるような話だと思ってもらっていいと思います。数学者は単に数学ができるというだけでなく、数学界というコミュニティーの中で情報交換するための、専門的な「コミュニケーションスキル」が必要とされるのです。そして、それはだれかから教えてもらって身につくというよりは、自らの経験によって次第に体得していくような、そういう種類のスキルなのです。

したがって、講演やセミナーによる口頭発表というコミュニケーションの場は、すっかりこのコミュニティーの一員となってしまっている一般の数学者たちが通常考えている以上に、閉じた空間になっています。それが悪いと言っているわけではありません。それが専門的スキルを要する、専門性の高い閉じた空間であるからこそ、数学者は効率的に、そして正確に「正しさ」を共有し合うことができるのです。そういう意味では、口頭によるコミュニケーションの様式にもある種の「パラダイム」というか「様式」があります。そして、それは必要なものであると同時に、新しいものに対しては障害ともなり得るものであることは、普通の意味でのパラダイムの場合と同じです。

たし算とかけ算を分離する

以上を踏まえて、先ほどの反論に戻りましょう。ＩＵＴ理論も「概要だけでも大雑把に話せれば、それだけでも講演する意味があるのではないか？」というものでした。ＩＵＴ理論は非常に新しい、まったく新奇な思考様式に基づいた理論です。そのため、これを効果的に説明できる「コミュニケーションパラダイム」は、まだ存在していません。ですから、既存のコミュニケーション手段の型にはめてしまおうとすると、どうしてもねじれや不整合が生じてしまいます。それを精密に物語るための言語体系が共有されていない状態で、無理矢理話をしようとするわけですから、数学的な精密さはほとんど失われてしまいます。その代わり、あまり数学的とは思われない奇想天外な比喩などを多用しなければならなくなるでしょう。となると、数学というよりは、多かれ少なかれＳＦストーリーのような話に聞こえてしまう恐れがあります。そういう話を聴いて、数学者たちはどう思うでしょうか？

もちろん、人にもよりますが、一般的に数学者はそういう「トンデモ」系の話を嫌います。例えば、それほどＳＦ的でなくても、ＩＵＴ理論において一つのキーワードになり得るのは「たし算とかけ算を分離する」というフレーズです。これは一般の人々だけでなく、普通の数学者にとっても、非常にわけのわからないことのように聞こえます。

実際、この手のフレーズがＩＵＴ理論に関して語られることは非常に多いです。それは、このフレーズがある意味、ＩＵＴ理論の真髄の一つを言い当てているからなのですが、このようなちょっと奇想天外な、そして初めての人には真面目な数学の話とはちょっと受け取れないようなフレーズに、数学者として拒絶反応を示した人は数多くいました。私の身の周りにいる欧米の数学者たちの中にも、この手の「トンデモ」系に聞こえるＩＵＴフレーズに対して、はっきりと嫌悪感を示す人は多かったのです。

実際問題として、「たし算とかけ算を分離する」という言説に、技術的な詳細まで踏み込んだ数学的理解を与えることは、極めて大変なことで、ある意味、それができたらＩＵＴ理論本体の理解のかなりの部分が終わっているとも言えるくらい、非常に重要なものです。しかし、ほとんどの数学者は1時間程度の短い講演で、必然的に、そして不用意に発せられてしまうであろうこのフレーズに対して、強い拒絶反応を示すことでしょう。そして、一度そのような拒絶反応が起こってしまうと、そこから落ち着いてじっくり論文を読んでみようなどと考える人は、おそらくもういないでしょう。

もちろん、数学者の集会では、そこまで不用意な発言はしないで、もう少し専門的な言い回しにはなるでしょう。例えば、次のような感じです（少々、専門的な用語が出てきますが、気にしなくて結構です）。

「テータリンクは、かけ算系のモノイドと、抽象的な群としての局所的なガロア群だけで構成し、その「モノイド＋群」というデータから「たし算」を《復元》すること、つまり、復元しようとしたとき、どのくらいのひずみが発生するかを計算することが、理論のポイントです」

こういう感じの説明は、望月教授本人も様々な機会に行ってきました。この説明自体は、例えば遠アーベル幾何学などの、既存の数学の枠内で解釈できる話ですから、ただの比喩ではなく、十分に数学的な言説であると言えます。ましてや、「トンデモ」系の話ではありません。しかし、それでもなお、このような説明がなかなか受け入れられてこなかったのも事実です。

いずれにしても、ある程度固定化された業界用語とコミュニケーション様式の枠内では、IUT理論のような新奇性の高い理論が受け入れられるのには、それなりの困難が伴います。それどころか、普通の意味での講演という、通常のパラダイムによるコミュニケーションの手段は、IUT理論にとって、単にうまくいかないだけでなく、かえって逆効果になってしまう恐れがあるのです。

「いざない」

というわけで、IUT理論の場合、それを世界中の数学者に理解してもらうための「最良のコミュニケーション手段」がどのようなものか、というのは難しい問題です。通常のような講演活動はあまり効果的ではないかもしれません。それどころか、普通のやり方でコミュニケーションをとろうとしても、かえって拒絶反応を示す数学者が増えるだけになってしまう恐れがあります。

望月教授の論文が公開されて、多くの数学者が興味をもつようになった頃、彼のもとには世界中の多くの大学や研究機関から招待状がやってきました。当の本人に来てもらって、セミナーや研究集会で講演してほしい、というわけです。そして、彼は、これらの招待の多くを断りました。それは我々が先に見てきたような事情を考えれば、それなりに理解できることです。しかし、断られた方は、このような事情を知りませんから、非常に奇妙だと映ることになります。「望月は彼の理論を我々に説明したくないのだ」とか「望月がどうしてあのような態度をとるのか、理解できない」といった反応が海外の数学者たちから噴出するようになるのは、時間の問題でした。

もっとも、彼はセミナーや研究集会などでの講演を、すべて断ってきたというわけではありません。彼のホームページを見てみれば、彼がIUT理論に関する講演だけでも、論文の公開以来、少なくとも5回は行っていることがわかります。それに加えて、論文公開前の2010年10月には、国際研究集会で1時間の講演をしていたことも、以前述べた通りです。このようなことも、事実関係として頭に入れておく必要はあります。そういう意味では、新しい理論を構築するにあたって、その概要を前もって講演し、その論文を書き上げて公開したら、ある程度の頻度で内容について解説のための講演をする、という、彼がIUT理論について行ってきた活動は、数学者たちが普通にやっていることと本質的には違いがないとも言えるでしょう。なにか違いがあるとすれば、その講演が（前にも述べたような理由で）、どうしても概要的なものにならざるを得ないことです。望月教授の講演のタイトルは、いつも「宇宙際タイヒミュラー理論への誘い（いざない）」というものでした。

しかし、ここでまた新たな反論が生じます。「では望月氏は、一体なぜ日本でばかり講演して、欧米などの海外の講演の誘いはすべて辞退するのか？」。確かに、彼の講演活動の場所は、東大、京大と熊本大学で、海外の大学や研究機関などでは行っていません。ＩＵＴ理論の論文が発表されて以降、彼に理論の説明のための講演を依頼した大学や研究機関は、世界中に数多くあったことでしょう。しかし、彼は基本的にはこれらのオファーの多くを断りました。理由は、ほんの数時間くらいの説明で、本当に聴衆にわかってもらうような話をすることはできない、というものでした。このことは、先に述べたような事情を鑑みればある程度は納得のいくものですが、すでに述べた通り、海外の多くの数学者にとっては、非常に「奇妙な」ことと受け取られました。

また、ＩＵＴ理論が世に問われ始めてから、海外でもＩＵＴ理論についての研究集会が開かれました。例えば、２０１５年12月には英国オックスフォード大学でＩＵＴ理論の研究集会(9)が開かれていますが、彼は京都からスカイプでヴァーチャル参加はしたものの、直接現地に行くことはありませんでした。日本では講演するのに、なぜ海外では講演を引き受けないのか？　それ以前に、なぜ海外には出たがらないのか？

これが言葉の問題ではないことを、まずここで押さえておきます。望月教授は少年時代からアメリカで育った人で、ハイスクールも大学も、それこそ学位取得までの教育はアメリカで受けた人です。というわけで、彼は非常に英語に堪能(たんのう)です。ですから、言葉の問題が原因ではありません。

では、なにか他の理由があるのか？　先に述べたような反応は、このような事情から生じたもので、欧米の多くの数学者たちが感じたことです。私の知り合いの数学者の多くも、このようなことを実際に語っていましたし、彼らにとって、これは望月教授に対する不信感の源泉にもなっていたようです。

望月教授が海外で発表したがらないのは、彼が性格的にシャイだからだ、という意見もありますが、それはおそらく正解ではないと思います。実際、こういうことに唯一の正解があるとも思えませんし、理由はいろいろとあり得るとは思いますが、一つには彼自身が度々口にしていたこととして、彼が人一倍旅行や国際交流が苦手であること、そしてそれが彼の長いアメリカでの滞在経験と深い関係のある、個人的ではあるが、ある種の普遍的な問題に根ざしている、ということが挙げられます。これについては、ブログ[10]で、彼自身の言葉で語っていることを直接読んでいただいた方がよいでしょう。

ただ、それはそうだとしても、そういう「深いわけ」をもち出す前に、望月教授の論文公開後の活動については、もう少し検討するべき客観的な事実関係がいくつかあります。

最良のコミュニケーション

望月教授は自分の理論の論文を書いてしまったら、あとはそれを他の数学者が見つけて読んで

(9) Oxford Workshop on IUT Theory of Shinichi Mochizuki, December 7–11, 2015
(10) 『新一の「心の一票」』 https://plaza.rakuten.co.jp/shinichi0329/diaryall/

くれるのを静かに、座して淡々と待っていた、とか、自分の理論を広く世界中に紹介するための活動には無関心であった、とかよく言われますし、そう思っている数学者やジャーナリストは多かったようです。しかし、彼が自分の理論を多くの人々に知ってもらうための活動に、膨大な時間とエネルギーを傾けてきたことも事実です。

一見すると、まるで普通の数学者がするべき努力を怠っているように（特に海外の数学者たちには）外見上は見えていながら、しかし、現実には多大な労力を注入してきていたという、この奇妙な現象が起こっている原因は、一体なんなのでしょうか？　いままで述べてきたことからも、すぐに推察できるように、その原因の一端は一般的なコミュニケーションの方法とは異なる方法を「最良のコミュニケーション手段」として、彼が採用せざるを得なかったことにあります。

望月教授が採用したコミュニケーションの手段とは、なんでしょうか？　それはもちろん、一つに限ったものではないでしょう。しかし、通常のような「講演」によるものばかりではないことだけは確かです。彼が特に重要視したコミュニケーションのスタイルは、個人的、あるいは少人数で双方向的な議論を積み重ねるというものでした。

思い出してください。以前も書いたように、口頭でリアルタイムに理解のフォローアップができる環境にいる人は、いかに新奇性の高い理論といえども、物事を深く理解する上で非常に有利です。そして現実に、ＩＵＴ理論の発展段階で望月教授の身近にいた人たちは、彼の理論を非常によく理解しています。ですが、他にも、例えば論文を読んでいる人が、彼に直接話をして、論文について質問を重ね、これに対して彼が直接答える、という形のコミュニケーションのスタイルをとる人も多かったと聞きます。

先に、オックスフォード大学での研究集会では、彼はスカイプで参加したと書きましたが、そこで彼が行ったのは、参加者からの質問に答えるという形のセッションでした。このやり方は、まさに以上のような議論のスタイルを、そのまま応用したものと言えそうです。そういう意味では、彼のやり方は首尾一貫しています。

いずれにしても、IUT理論を理解することは、その新奇性ゆえに、通常のようなサーベイ的な講演でなんとかなるという種類のものではありません。しかし、これを理解しようとする人に対して、口頭での双方向的なやりとりを積み重ねることによって、その理解を正しい方向に導くという形のやり方は、それなりの効果が期待できます。以前も述べたように、数学者といえども一般の人と同様に、まったく新しいものに対する免疫があるわけではありません。ですから、自分一人で論文を読んで理解しようとしても、どうしても既存の数学のパラダイムという色眼鏡からは、なかなか脱却できないものです。そこを手助けするのが、質問と議論による双方向的なコミュニケーションだということになります。

ですから、望月教授は、常にだれからでも論文について数学的な質問や議論がある場合には、それに対して真摯（しんし）に応（こた）えてきました。そういう意味では、彼は常に外に対してオープンであったように思われます。このようにして、彼と個人的なやりとりをしている人は大勢いますし、そういう人たちの中には日本人だけでなく、海外の研究者もたくさんいます。彼らは実際に京都の望月教授のところにやってきて、このような議論・質問を積み重ねるということをする場合もありますが、そうでない場合は、スカイプを使って、自分の国にいながらにして望月教授とコンタクトをとります。

もちろん、このやり方には大きな問題点があります。それは、それが膨大な時間と労力を要するということです。一回一回のスカイプ議論がどのくらいの時間に及ぶものであるかは、場合によるでしょうが、数時間に及ぶことだって普通にあるでしょう。その数時間をかけて相手にできるのは、その相手一人だけです。ですから、より多くの人々に理論の真髄をわかってもらおうとするならば、それこそその人数が増えれば増えるだけ、より膨大な時間を要するということになるのです。

このような、ある意味、とても効率の悪い方法をとらなければならなかったのも、要するに、IUT理論が既存の数学の言語体系や枠組みとはまったく異なる次元のものである、ということに起因しているのだと思われるわけです。一人でも多くの理解者を増やすための方策として、このような方法をとらざるを得なかった、ということなのだと思います。

あまりよくない例ですが、宇宙人がやってきて、宇宙語しか話せないという状況を思い描いてみると、状況がわかりやすくなるかもしれません。そういう人が、いきなり大人数の聴衆の前でなにか講演を始めても、だれもなにも理解できないし、そういうことをいくら繰り返しても、なにも進歩しないでしょう。しかし、少しでもその宇宙人のことを理解しようと思う人が現れて、ある程度長い時間を共に過ごしながら、少しずつわかり合うという作業を繰り返していけば、少しずつでも理解を深めていくことができるはずです。望月教授を宇宙人に喩(たと)えるのは気が引けますが（実際、後の章でも見るように、普通の人間としての彼も魅力多き人です）、彼が数学界に引き起こした状況というのは、ちょっとこれに似たところがありそうです。

IUT語

いままで述べてきたことを、少しここで整理してみたいと思います。

・IUT理論は、一般的な数学のパラダイムの枠内では語れない、まったく新しいフレームワークと言語・概念体系を基盤にして構築されている。したがって、これを世界中の数学者に理解してもらうには、通常のやり方とは異なるコミュニケーションのスタイルが必要である。
・実際、通常のコミュニケーションの手段である講演やセミナートークといった方法では、そもそも言語体系が異なるので、通常のように議論を始めることができない。それどころか、既存の数学の言葉に近づけようと努力すればするほど、奇想天外な言葉遣いなどが耳につくようになり、いたずらに多くの人に拒絶反応を起こさせてしまう恐れがある。
・したがって、講演やセミナートークのような、一般的なコミュニケーションの手段には、全面的には頼らず、むしろ個人的、あるいは少人数による双方向的な会話体のコミュニケーションを積極的に積み重ねることで、少しずつ、理解者の数と層を厚くしていくというのが最良の方法と考えられる。

そのためにこそ、あちこち世界中を飛び回るよりは、お膝元（ひざもと）の京都にいて、広く世界中からの訪問者を受け入れたり、スカイプなどを通じて世界中の質問者とのコミュニケーションを図るというやり方を、望月教授は採用してきたのだ、と考えられるわけです。実際、以上のような事情を勘案すれば、彼のこのやり方が、かなりの程度理にかなったものであると納得できると思います。

最後の点について、少し補足すれば、望月教授は論文を発表して以後も、講演をまったくしなかったというわけではないことも、付け加えておく必要があります。実際、前にも述べたように、東大、京大、そして熊本大で講演を行っています。しかし、それらの講演は、想定される聴衆の中の少なくとも数人は、IUT理論の「言語」をすでにある程度習得していて、先ほどの例で述べたような「宇宙人vs人間からなる聴衆」のような、まったく言葉が通じないというようなことにはならない場合に引き受けたものです。これらの大学での講演には、そういう意味で「言葉の通じる」聴衆が（少なくとも数人は）いる、ということが重要なわけで、それがたまたまこれらの場所だったということです。

前に「望月氏は、なぜ日本でばかり講演して、外国からの講演は断ってしまうのか？」という反論があって、これが海外の多くの数学者の間で望月教授に対する不信感・苛立ちの代表的なものになっている旨を述べましたが、彼のこの行動の背景には、IUT理論特有の言語体系があるというわけです。つまり、異なる言語や概念体系をもつ理論を、いきなり講演したとしても逆効果であることもあり、この言語体系が比較的浸透している聴衆層が、日本では数カ所見つかるのに対して、海外ではまだそのような場所が見出(みいだ)せなかった、ということなのではないでしょうか。

日本にそういう場所が多いのは、もちろん、望月教授が日本人で、日本で活躍している数学者であるという点が大きく影響しているのは確かでしょう。そして時間が経ち、彼の努力が実って、より多くの人々が「ＩＵＴ語」で数学できるようになれば、そのような「話の通じる」聴衆が多く集まる場所が日本に限らず、世界中いたるところに見出せるようになるでしょう。

第2章 数学者の仕事

数学で新しいことができるのはなぜか?

いままではＩＵＴ理論の普及にまつわる状況について、できるだけ事実に即して書いてきましたが、そもそも数学者の世界では、どのように理論やアイデアが世界中に知られたり、認知されたり、オーソライズされたりするのか、それ以前に、数学者のコミュニティーとはどういう世界なのか、という基本的なことについて、説明がおろそかになっていたかもしれません。ですから
ここで、ちょっと気分を変えて、そもそも数学における新しい理論ができて、それが数学者のコミュニティーに受け入れられるようになるまでの一般的な過程は、どのようなものなのか、それ以前に、数学で新しい仕事がなされるとか、新しいアイデアが考えられるとかいうことは、一体どういうことなのか、といった事柄について、簡単に説明する必要があるでしょう。そして、そのような説明を通じて、一般の人たちにはおそらく馴染(なじ)みのない、数学という学問の世界や、世界の数学界のスタンダードというか、このコミュニティーそのもののあり方について、少しでも読者の理解が得られればと思います。

そもそも、数学の世界で「新しいことをする」とは、どういうことなのでしょうか？　このような問いは、数学者だったらだれでも一度は質問されたでしょうし、このような疑問をもつ人は多いでしょう。私も一般の人の前で数学の話をしたりすると、この手の質問は頻繁にあります。我々は後の章で、「学校で教わる数学」と「研究における数学」の違いについて、エドワード・フレンケルがジグソーパズルの比喩（ひゆ）を用いて巧みに行った説明を見ることになりますが、そこでの説明によっても、数学において「新しいことをする」ということが、どのようなことなのかについて、ある程度の感覚が摑（つか）めるものと思います。

しかし、その前に我々は「そもそもどうして数学で新しいことをするのが可能なのか？」という、もっと根本的な質問について、答えておかなければなりません。実際、右のような質問を数学者に投げかける人の感覚は、多くの場合「そもそも、いまさら数学でなにか新しいことができるのか？」というものであるからです。

数学は中学や高校で散々悩まされた科目だったでしょうし、人によっては大学でも痛めつけられた科目でもあるでしょう。あるいは数学が好きで、それなりに楽しんで勉強してきたという人も、少なからずいると思います。そのどちらの場合でも、多くの人たちにとって、数学とはいつも「完成された」ものだったと思います。三角関数やベクトルや微積分など、それらは自然や宇宙の真理を解明するために発見または発明されたものであり、つまり自然や宇宙の真理の中に刻み込まれたものであり、それを知らなかった過去の人間にとってはいざ知らず、現代の我々にとっては、自然そのものと同じくらい完成された、それだけに非の打ちどころのない完全な知識なのだ、という感覚です。そんな風に感じたりするほどには数学が好きではなかったという人でさえ、よもや数学が不完全で、まだまだ発展の余地のある学問であるとは、おそらく思いもよらないでしょう。

しかし、数学は決して「完成された学問」ではありません。数学はそれこそ何千年という昔からあった古い学問ですから、学問としての成熟度は極めて高いと言えるでしょう。例えば、古代バビロニアの粘土板の中には、一般の人々のみならず、数学者である我々でさえ瞠目してしまうような、極めて高度で精密な数学の知見が見出されることがあります[1]が、それらはいまから4000年くらいも前のものです。

数学の長い歴史の中で、確かにこれらの知識は直線的・連続的に発展してきたわけではなく、その多くが一度は衰退したり忘却されたり、再発見されたりという、複雑な道をたどってきました。それでも概して、数学は人類の様々な文明の発展史の中で、たゆみなく進歩を重ねてきた学問です。その意味では、数学は古く、深く、成熟した学問であることは疑いの余地がありません。

しかし、それでもなお、常に数学は完全ではありません。これほどまでに高度に、そして精密に発達した現代数学といえども、それは決して完璧なものではなく、常に新しい発展に対して開かれています。

数学は決して完成せず、常に不完全であり続けます。しかも、(ある意味驚くべきことかもしれませんが)それは人間の手で進歩させることができるものでもあります。逆に言えば、ここが数学という学問の深遠なところです。

数学が進歩するとは、どういうことなのか？

数学も他の多くの学問と同様に、基礎から一つ一つ積み重ねられてできた学問体系です。ですから、数学においても、学問を進歩させるというのは、それまでの積み重ねの上に、新しいことを構築していく事業だということになります。ニュートンが言っていたように、数学者はだれでも、過去の巨人の肩に乗っているのです。しかし、ここで過去の積み重ねの上に新しいことをさらに積み重ねる、という言い回しの理解の仕方には、実は注意が必要な部分があります。単に単線的に物事を積み重ねてできた摩天楼のようなものとして、現代の数学を考えることはできません。ここでいう「積み重ねる」という言葉には、いろいろな意味があるのです。

例えば、初等幾何学という分野があります。これは直線や三角形や円を用いて、それら図形の様々な性質を調べる数学の一分野です。読者の中にも、中学や高校でこの種類の図形の数学を学んだ人は多いでしょう。それは「証明」という数学特有の技術を学ぶよい題材でもありますが、逆にそれが災いして、多くの人がいい思い出をもたない分野かもしれません。初等幾何学、あるいはよく呼ばれる呼称では「ユークリッド幾何学」は、古代ギリシャの頃から研究されてきた幾何学で、その意味では、非常に古い数学の分野です。となると、この幾何学は現代数学までも続

（1）例えば、紀元前1800年頃に書かれたとされる粘土板「プリンプトン322」には、111ページの囲み記事『ピタゴラスの三つ組』に示したピタゴラスの三つ組に関連する数値が、15行にわたって記されています。

く、数学の各層の積み重ねの基層に位置している理論であり、現代までの数学はその上に一つ一つ新しい発見やアイデアを積み重ねて、今にいたっている、と思われるかもしれません。もちろん、それはそれで正しいことで、ユークリッド幾何学のような基本的な幾何学が、その後のいろいろな数学の基本になっていることは疑い得ません。

しかし、他方で、ユークリッド幾何学という学問は、それ自体はすでに「終わっている」ものであり、もう現在ではだれも専門的に研究することはありません。ここで「終わっている」というのは、歴史上のどこかでそれが完成してしまったから、もうそれ以上研究することがなくなった、という意味では決してないことには注意を要します。それは、簡潔に言ってしまえば、なんらかの理由で、もうそれ以上進歩しなくなってしまったとか、ある程度の目的が達成され、結果が出揃ってしまって、それ以上は重箱の隅をつつくような感じになってしまうとか、そういう感じのことで、数学的というよりは、人間的な興味の問題に近いものです。ですから、それは決して古代の一時期に完成してしまったというわけではありません。

実際、古代には知られていなかったユークリッド幾何学の事実が、ずっと後になってわかるということは、歴史の中でも多々あったことです。有名なところでは、18世紀の終わりに青年ガウスが、正17角形が定規とコンパスで作図可能であることを見出したことなどがあります（囲み記事『作図問題』参照）。

しかし、これらは古代の幾何学研究と同等のコンテクストでなされた研究というわけではありませんでした。つまり、紀元前のギリシャから18世紀終わりまで、ずっとひとつながりの「ユークリッド幾何学」というパラダイムで数学は発展していて、その連続的な研究の積み重ねに立脚して、後世のガウスが新しい知見をそこに付け加えた、というわけではないのです。一つのアクティブな研究テーマとしての初等幾何学は、古代世界ですでに「終わっている」のです。ですから、例えば初等幾何学や、中学や高校で習うその他の数学の分野のような、すでに終わってしまった数学の一面だけを見て数学全体の印象を形作ってしまうと、実際には数学は進歩しているということが、非常に見えにくくなってしまうのも無理はありません。

カール・フリードリッヒ・ガウス
(1777-1855)

では、どういう形で「新しい」数学は生まれるのでしょうか？　数学はどのようにして「進歩」するのでしょうか？　そこにはトマス・クーンが言うように、「通常科学」[2]の中で連続的・累積的に積み重なる新しさと、「パラダイムシフト」によって生じる新しさの二種類があります。

(2)　通常科学とは、トマス・クーン『科学革命の構造』(中山茂訳、みすず書房、1971年)における用語で、一つのパラダイム(時代や科学の各分野における支配的な研究上の規範、視点、枠組みなどの意味)や様式に基づいた科学活動のことであり、パラダイムから与えられる問題や解き方などの指針に基づいて研究を進める状態のことをいいます。これに対する状態は「科学革命」期、あるいは「パラダイムシフト」と呼ばれている時期であり、この時期には既存のパラダイムが破壊されたり劇的に変化したりすることで、新しい科学の枠組みが形成されます。

「作図問題」とは、（目盛りのない）定規と、コンパスのみを用いて平面上に図形を作図しようとした場合、どのような図形は描画できて、どのような図形はできないのか？　という問題です。例えば、ユークリッドによる『原論』（ユークリッド幾何学が展開されている書物）には、正三角形と正五角形が定規とコンパスで作図できることが述べられています。また、有名なところでは、いわゆる「デロス島の問題」があります。これは、

- 角の三等分問題―任意に与えられた角度を、定規とコンパスのみを用いて三等分することができるか（二等分の方法は知られている）
- 立方体の倍積問題―任意に与えられた線分を一辺とする立方体の２倍の体積をもつ立方体の一辺を与える線分を作図できるか（正方形の場合は知られている）
- 円積問題―任意に与えられた円の面積と同じ面積をもつ正方形を作図できるか

という三つの問題から成っています。現在では、このどれもが、定規とコンパスのみでは作図不可能であることが知られています。正多角形の作図については、長い間、ユークリッド原論に載っている以上のことは知られていませんでしたが、1796年３月30日の朝、当時18歳の青年ガウスが、正17角形が定規とコンパスで作図できることを見出しました。ガウスによって明らかになったのは、次のことです。「p を素数とするとき、正 p 角形が定規とコンパスのみで作図可能であるための必要十分条件は、p がフェルマー素数であることである」。ここで、フェルマー素数とは、

$$2^{2^n}+1 \quad (n=0,\ 1,\ 2,\ \cdots)$$

という形の素数のことです。これは $n=0,\ 1,\ 2,\ 3,\ 4$ のときに、

$$3,\ 5,\ 17,\ 257,\ 65537$$

となりますが、これらはすべて素数なので、フェルマー素数です。現在までのところ、これらより他にフェルマー素数は知られていません。もっとあるのか、それとも、もうこれ以上この形の素数は存在しないのか、といったことについては、なにもわかっていません。

作図問題

例えば、デカルトは座標系を導入して、幾何学に解析的な手法を導入したことで有名ですが、この新しさは後者、つまりパラダイムシフトに相当する進歩だということになります。デカルトによる新しい数学のパラダイムによって、確かに古典的なユークリッド幾何学における数々の新しい結果も得られるわけですが、それはもはや、古代数学が創始した研究分野としての「ユークリッド幾何学」ではありません。さらに言えば、デカルトの理論は、それまでの数学者たちが一つ一つたゆみなく築いてきた、ユークリッド幾何学という建築物の上に立脚して構築されたものなのではなく、ユークリッド幾何学を超えたもの、あるいは、もう少し過激な言葉を用いれば、ユークリッド幾何学という過去の常識を破壊することによって得られた進歩です。同様のことは、19世紀に相次いで起こった「非ユークリッド幾何学」の発見にも当てはまります。それは伝統的な「幾何学」のパラダイムを打ち壊すほどの、大きな破壊力のある発見でした。

数学とは異種格闘技戦である！

というわけで、数学は常に新しい発見に対して開かれた学問です。「通常科学」期においては、新しい発見とは過去の結果に立脚して新しい知見を少しずつ付け加えるというものですが、「パラダイムシフト」期においては、それまで獲得された知見や方法論をいったん壊して、まったく新しい視点からやり直すという形の新しさもある、というわけです。学校で教わった「完成された」ように見える数学ばかりを見ていると、そこから新しいものが生じたり、それが進歩するものであるということが信じられないかもしれません。しかし、それは様々な形で進歩し、ときにはまったく新しい枠組みが創造されてしまうということだってあり得るのです。

数学とは、いわば、長い歴史の中で次々に創造され、破壊され、乗り越えられてきた多くの分野や枠組みの集合体だとも言えます。それら多くの、互いにまったく異なった学問のようにさえ見えてしまう枠組み・理論の総体が、現代の我々が「数学」と呼んでいる学問なのです。それは単一の分野的学問というよりは、驚くほど数多くの学問領域と、それらを横断するネットワークから構成されている、複雑で多様な体系です。[3] 中学や高校で勉強した数学を思い出してみてください。そこには図形もあり、数もあり、関数もあり、ベクトルもあり、数列や確率まで、極めて多種多様な対象や概念がひしめき合っています。数学とは、それら多種多様な対象や概念が相互に入り乱れる《異種格闘技戦》なのです。これほど多くの、互いにまったく異なって見える概念を扱っている学問は、おそらく数学をおいて他にはないのではないでしょうか？

この驚くべき「内在的な多様性」も、数学が豊かで成熟したものでありながら、常に進歩し新しく生まれ変わることのできるもっとも重要な根拠の一つです。数学そのものが、その内部で概念の異種格闘技をも許容する豊饒(ほうじょう)さを備えているからこそ、数学者は様々な発想で、それぞれの個性に応じた仕事が可能になります。

そして、このことは数学における「進歩」にまつわる、もう一つの重要な事実、つまり、極めて新しい発明や発見は、学問領域の最先端において生じるというよりは、むしろ反対に、極めて基本的なことの中に見出されることが多い、という事実とも[4]、密接に関連しています。他の学問分野でも同様だと思いますが、数学においても、影響力の高い大きな発見や発明は、当該学問の最先端で起ることより、もっとベーシックなところで起こります。特に数学においては、それが顕著です。

例えば、整数にまつわる様々な問題は、古代の昔から数学上の大きな問題でした。それはなにしろ整数という、中学生でも知っている対象を相手にしている問題ですから、非常に基本的なものが多いです。現代では、整数論の様々な問題にアタックする上での、多くの枠組みや技術、ツールが整備されていますが、それでも解かれない問題は、まだまだたくさんあります。それらの多くは、例えば素数にまつわる、とても基本的な問題で、問題そのものは中学生でも理解できるようなものです。例えば、「4以上の任意の偶数は、2つの素数の和で書ける」ことを予想しているゴールドバッハの問題はどうでしょうか？ いまのところ、現代数学の最先端がどれだけ洗練されたもので、どれだけ高度なものになっているとはいっても、この驚くほど素朴に聞こえる問題に対して、効果的な方法は見出されていません。このような基本的な問題に本格的にアタックできるような、なんらかの新しいアイデアが将来見出されるとしたら、それはこの問題と同じくらい基本的なレベルでのイノベーションでなければならないでしょう。

（3） イアン・ハッキング『数学はなぜ哲学の問題になるのか』（金子洋之・大西琢朗訳、森北出版、57ページ）によれば、フランス語とロシア語の辞典の中には、数学を一つの学問分野としてでなく、複数の学問分野の集まりとして扱っているものがあるということです。

（4） 望月教授自身もサーベイ論文 *"The Mathematics of Mutually Alien Copies: from Gaussian Integrals to Inter-universal Teichmüller Theory"* の §4.4 で同様のことを論じています。

そして、そのような極めてベーシックなレベルで、おそらく数学史上も匹敵するものを見出すことが難しいほどの、巨大な影響力をもつイノベーションを起こそうとしているのが、望月教授のＩＵＴ理論です。この理論が、いかに「基本的」なレベルで数学をひっくり返そうとしているか、ということについては、この本の後の章で、少しずつ説明していくつもりです。しかし、それに先立って、この側面の「新しさ」が数学のなにについてのものなのか、その一つを少しだけ種明かしするとすれば、それは「たし算とかけ算の関係」とでも言えるものです。たし算とかけ算がどのような関係にあるかなんて、小学生でも知っています。最初にたし算を習って、そしてそれをもとにしてかけ算を習得するわけですから、その関係は、ある意味当たり前のものです。そこになにか深い問題が潜んでいるなどとは、おそらく普通の人には、到底思いもよらないことでしょう。しかし、そこには大きな問題が潜んでいます。そしてその問題は、そのコンテクストがとても基本的なものであるだけに、極めて根深く、解き明かすのが困難な問題なのです。

この本の後の章では、ＩＵＴ理論が起こそうとしている革命の中身についても、できるだけわかりやすく説明していこうと思いますが、その破壊力の一端が、ここですでに垣間見えます。それは、それこそ小学校の算数レベルの層から、数学を抜本的に見直しているのです。しかもそれは革命的であるのみならず、非常に自然な発想に基づいたものです。ですから、技術的な細部を省略しても十分にその発想の意味は伝わると思います。

論文の価値はなにで決まるのか?

ともあれ、多くの人が考えているよりもはるかに、数学は自由な学問なのであり、常に「進歩」に対して開かれています。数学者はそれぞれの個性や視点を駆使して、その進歩に寄与しようと日夜努力しているのです。そして、彼らが得た新しい定理の証明や、新しい理論体系など、数学における新しい仕事は、基本的にはどれも論文という形か、あるいは本の形にまとめられます。論文は短いもので数ページのものから、長いものでは100ページを超えるものまであり得ますが、基本的には十数ページから数十ページ規模のものだと考えてもらっていいでしょう。世界中の数学者に自分の仕事を発信しようとするなら、論文は英語かフランス語かドイツ語で書くのが一般的です。

このうちドイツ語は、現在ではあまりサーキュレーション(流通・普及率)がよくないようです。ドイツ語を読み書きできる数学者の割合が、あまり多くないからでしょう。かくいう私も、以前、共同研究者との共著でドイツ語の論文を発表し、クレレ誌(後述)というジャーナルから発表したことがありましたが、評判は芳しくありませんでした。今でも「英語訳がないのか?」という質問が、ときおり送られてくる始末です。また、フランス語でも短い共著論文を出したことがありますが、こちらの方はなにも問題なく読まれたようでした。

実際、数学の世界ではフランス語の文献もかなり多く、論文がフランス語で書かれても、だれも文句は言いません。ですが、ドイツ語やロシア語だったら、一昔前はともかく、今なら多くの人が文句を言うでしょう。やはり、論文は英語かフランス語で書くべきです。

数学の理論は、論文という形にされることで、外に開かれます。そこでは、それまで個人、または数人の数学者の頭の中にしかなかったことを、実際に文章や数式にして、だれにでもわかるように表現することが求められるのです。したがって、論文とは、専門を同じくする数学者たちにとっては、それだけを読めば問題になっている理論についての必要十分な知識が得られるように書かれるのが常ですし、基本的にはそういうことが求められます。ですから、もちろんここでも、前章で述べたようなコミュニケーションのための専門的なスキルが必要とされます。つまり、口頭発表のときと同様に、論文においても、業界用語や専門的なレトリックを駆使する必要があるわけです。ただ、論文においては、基本的には口頭発表より詳細な記述が求められるので、要求される様式やレトリックも、自(おの)ずと異なります。

数学の論文にとって大事なことは、それが「新しい」ものであること、「正しい」ものであること、そしてさらに「興味深い」ものであることです。この三つのどれが欠けても、数学の論文としての価値は激減します。

ここで、なにをもって「新しい」と判断できるのか、「正しい」という基準はなにか、という点は非常に専門的なポイントです。若い駆け出しの研究者は、これらの判断に対しても、専門的で適切な判断ができるように訓練されます。数学において「新しい」ということがなにを意味するのかについては、すでにある程度明らかにしました。それは通常の発展時においては、当面の題材や、その時代における支配的な問題に対する部分的な、あるいは最終的な解決であったり、あるいは新たな問題設定の視点を提供するものであったりしますが、前々節で述べたような「パラダイムシフト」期においては、当該分野に革命を起こすような、大論文であることもあるでしょう。

数学は体力を使う学問である

それでは、「正しい」とはどういうことでしょうか？　簡潔に言えば、「正しい」とは、水も漏らさぬ証明がついている、ということに尽きます。先にも述べたように、数学者にとって「正しい」ということは「証明が存在している」ということです。そしてその証明には、いかなる細部にも論理の飛躍があってはなりません。数学者は証明がギャップのない、水も漏らさぬものにならない限り満足することはできません。ですから、論文の良し悪しを決める基準として、この意味での「正しさ」は決定的に重要なものです。

そして、数学における「正しい」という言葉の意味には、ときとして、極めて厳しいものがあると思います。数学の定理は、少なくとも数学を愛し、理解する人にとっては、とても自然に、ときには美しく聞こえるものです。ですから、その議論や証明も、少なくともある程度は自然なものですし、美しいものでもあります。しかし、だからといって、その自然性が数学者を、常に自動的に正しい議論に導いてくれると思ったら大間違いです。難しい理論について議論する数学者は、Ｆ１レーサーにも喩(たと)えられるでしょう。彼らは時速３２０キロメートルで走りながら、センチメートル単位の勝負をしなければなりません。壮大で抽象的な概念を操作しているときでさえ、どこまでも精緻(せいち)な議論を組み立てること、そしてそのような緊張度の高い議論を持続することが求められるのです。

「正しさ」を維持するための数学者の仕事には、このように大変厳しい一面もあるわけです。ですから、数学の議論は、常に「間違い」と隣り合っています。私自身も日頃から気をつけているつもりなのですが、多くの「間違い」をしでかしてしまいます。

数学における新しい仕事は、若い頃になされることが多い、とよく言われます。その理由としては、発想の柔軟性や、型にとらわれない自由なアイデアなどが、よくあげられます。しかし、それ以外にも「体力」がとても重要な因子です。長時間の緊張感を持続する集中力は、体力がなければ維持できません。数学はとても体力を使う学問です。

「興味深い」ということ

以上、数学の仕事の価値として、「新しさ」と「正しさ」について見てきました。しかし、数学の論文の価値は、実はこれらだけでは決まりません。「新しい」ことと「正しい」ことのほかに、「興味深い」というもう一つの重要なポイントがあるのですが、これはなかなか説明が難しいと感じます。平たく言えば、それは「おもしろいか否か」です。いくら「新しく」て「正しい」ものであっても、数学者たちのコミュニティーが、それを興味深いものとして認知しなければ、その論文は価値あるものとはみなされません。

望月教授の論文は、それまでだれもやったことのないような、まったく新しい数学のやり方やフレームワークの中で考えられたものですから、その理論の本体（ＩＵＴ理論）だけだったら、もしかしたら、だれもおもしろいとは感じなかったかもしれません。それはだれもまだ罹(かか)ったことのない病気の治療法のようなもので、だれも興味を示さなかったことでしょう。彼の論文が多くの人たちにとって深刻に受けとめられたのは、それが「ABC予想」という、多くの数学者にとって非常に重要な問題と考えられてきた問題を解決した、と主張されていることによります。

そして、この点はそれなりに重要です。というのも、これは望月教授の論文が、「ABC予想」を巡る数学界の構図を、ある意味ではドラマティックに変化させてしまったことを意味する可能性があるからです。それまでのABC予想を巡る数学分野の中心的専門家サークルから見れば、IUT理論発表前の望月教授は、完全に「蚊帳(かや)の外」の存在だったでしょう。そういうこともあって、実際、彼のIUT理論というそれまでになかった、まったく新しい数学のやり方が、他方ではABC予想という従来の数学の枠組みに属する問題を解いたと主張していることは、それまでABC予想や、その周辺の整数論や数論幾何学を専門的に研究していた研究者たちから様々な反応を引き出しました。それらの反応の中には、あまり好意的でないものも多く含まれていたことは、前にも述べた通りです。

確かに、ABC予想そのものは、もちろん、彼らにとって非常に興味のあるものですが、それを解くために望月教授が準備したIUT理論の方は、彼らにとってはあまり興味を見出すことのできないものかもしれません。私は以前、望月教授に「望月さんの理論が発表されたら、数論の専門家より、数理論理学や数学基礎論の人たちの方が興味をもつでしょうね」と話したことがあります。実際、IUT理論は、ABC予想や、その周辺のディオファントス問題の研究における、それまでの発展の文脈からは、一線を画しています。先に述べたように、それはこの分野の発展の最先端に位置する研究であるというより、数学の非常に基本的なレベルでのイノベーションを企図したものだからです。

そういう意味では、望月教授の仕事は、「ABC予想の解決」というセンセーションさえなければ、それまで支配的であった整数論や数論幾何学の問題意識からは、あまり興味の対象にはならなかった可能性があります。そしてこれも、もしかしたら、彼の理論が、彼自身の大変な努力にもかかわらず、なかなか整数論や数論幾何学のコミュニティーに浸透していかなかった遠因の一つなのかもしれません。それより、IUT理論が数学自体の基礎にもたらすインパクトのことを考えると、数理論理学や数学基礎論の人たちの方こそが興味をもつことになる可能性が大きいわけですし、私自身はかなり前からそう思っていたわけです。そういう意味では、彼の論文における「興味深さ」には、ちょっと従来の論文とは違った含蓄があり得るのかもしれません。

理論はいかにして世界へ発信されるのか?

いずれにしても、数学の論文にとって「新しさ」と「正しさ」のほかに、「おもしろい＝興味深い」ことが重要です。そして、ひとたび論文が書き上げられると、次にはそれを発表して、数学者のコミュニティーにその真価を問うという段階に入ります。通常、論文を世に問うという段階で、一番重要な目標は、それが数学の専門的なジャーナルに掲載を許可されるということです。ジャーナル（専門雑誌）に受理（アクセプト）されるためには、ただ論文を投稿するだけではダメで、それがレフェリー（査読）を通らなければなりません。

しかし、ジャーナルなどに投稿して掲載可否の査読を受ける前に、新しい論文を「アーカイブ（arXiv）[5]」と呼ばれる論文サーバに投稿する場合もあります。アーカイブには論文のファイルとともに、論文の要旨も登録します。こうすると、次の日にアーカイブは、投稿された論文のタイトルと要旨のリストを、世界中の利用者に自動的に配信します。こうすることで、研究者は世界中の新しい論文のタイトルをリアルタイムで知ることができ、必要に応じて、その論文のファイルをも即座に入手することができます。もちろん、アーカイブに登録された論文は、まだジャーナルの査読を通ることでオーソライズされたものではありませんから、その正しさには一定の留保が付きます。ですから、そのような論文から情報を得る側は、気をつけなければなりません。しかし、その点をわきまえてさえいれば、アーカイブによる論文配信のサービスは、それがとても迅速であるだけに、非常に便利なものです。

そういうこともあって、最近では世界中の多くの数学者が、アーカイブを利用するようになりました。アーカイブを通して、自分の研究の第一報を世界に配信し、世界中の研究者の研究の進捗状況をリアルタイムで受け取るのです。その意味で、アーカイブは今となっては、個々の研究者と研究者社会とを結ぶ、大変便利なツールになっています。

自分の研究の成果を世界に向けて発信するチャンネルとして、アーカイブは比較的新しいもの

（5）「arXiv.org e-Print archive」というもので、コーネル大学が母体となって運営（URLはhttps://arxiv.org）している。

ですが、もちろん、以前からある方法として、先も述べたように、学会や国際研究集会における講演・口頭発表によって世界に発信することもできます。学会や研究集会での講演では、最近完成された新しい理論について発表されることもあり、そのような場合は、すでに（査読前でも）論文が出回っているという状態のこともありますが、まだ論文を書く前の状態で、できたてホヤホヤの理論も発表されますし、目下のところ現在進行中の理論について話されることもあります。講演という形で受け取られる数学の情報も、ときとして査読前の、まだオーソライズされていないものであることもあり得ますし、また、前述したように、完成された理論やアイデアであっても、限られた時間の中では、大まかな概略が話されるにとどまることもしばしばです。

数学の論文の査読は、非常に長い時間がかかるのが通例であり、短くても3ヶ月くらいはかかるものですが、長いときには何年もかかります。ですから、アーカイブや口頭発表によってリアルタイムに研究の動向を知ることは、研究者にとって大事なことなのです。

これらの発信手段は、自分の研究を、同業者や専門の近い数学者に対してアピールするための方法ですが、類似の方法は他にもあります。例えば、多くの大学や研究機関は、各々個別に自分たちのプレプリントシリーズをもっています。プレプリント（preprint）というのは、その名が暗示するように、掲載前の論文という意味です。プレプリントは、ジャーナルに投稿される前、あるいは、投稿された後でも査読が終わる前に、査読済みではないという留保条件のもとに、数学者たちの間で流通する学術論文です。例えば、先に述べたアーカイブ（arXiv）は、世界中から寄せられるプレプリントのサーバです。日本でも多くの大学や研究機関で、独自のプレプリントシリーズがあり、それらはこれらの機関のホームページで閲覧できるようになっていますし、それらの機関の多くは互いに新しいプレプリントを交換しています。ですから、例えば、ドイツの研究機関の図書館の新着論文開架スペースに、日本の大学の新しいプレプリントが見出せるということにもなるのです。いまでは、このような役割の多くをアーカイブが担っているとも言えますが、アーカイブが普及する前は、この方法はとてもよくワークしていましたし、いまでも重要な情報交換の手段になっていることは論を俟(ま)ちません。

数学はお金がかかる学問である

以上、新しい論文についての情報を、査読前に新鮮なままに世界に向けて発信する一般的な方法として、3つのものを紹介しました。それはアーカイブを利用すること、講演などで情報交換すること、それからプレプリントシリーズに投稿することです。先ほども述べたように、数学の論文は、その査読に非常に時間がかかるため、これら「査読前」の情報発信は、ある程度必要なものになっています。

また、そういう数学という分野独特の背景以前に、そもそも数学を含めた科学の世界では、口頭や文書を問わず、研究者同士が互いにコミュニケーションを取り合うことは、非常に大切なことです。世間ではよく「数学は紙と鉛筆さえあればできるので、お金がかからない学問だ」と言われます。もちろん、数学では巨大な実験装置や、大掛かりな観測機器などを使うことは稀(まれ)ですから、そういう意味に限定すれば「お金がかからない」のは当然のことです。しかし、数学とて、その研究遂行のためには、まったくお金がかからないというわけではありません。事実はその逆で、数学にも少なからずお金がかかります。そして、そのお金のつかい道の中で、もっとも重要な一つが「コミュニケーションにかかる費用」です。数学者が共同研究をしたり、研究の進捗状況について情報交換をしたり、その他様々な種類の研究交流をする上で、研究集会などの機会を通じて、人間的な交流を深めることの重要性は、いくら強調しても強調しすぎることはありません。そのために生じる旅費や、研究集会の運営費用などは、数学の研究遂行のために必要な費用として、決して少額のものではありません。そういう意味では「数学はお金がかかる学問」なのです。

いずれにしても、数学の世界でも、研究の成果を携えて、積極的に世界と交流していくことは非常に重要です。あなたがいま、新しい数学の論文を書いたとして、前に挙げた3つの発信手段である「アーカイブの利用」、「講演などの口頭発表」、「プレプリントシリーズの利用」の、どれもしなかったとすると、あなたは自分のアイデアを世界に向けて発信するつもりがないとか、秘密にしたがっているとか思われても仕方がないでしょう。しかし、そのうちの一つでもきちんとしているのであれば、基本的には問題はありません。望月教授は、2012年8月30日の論文を、自分のホームページだけではなく、実は京大数理研のプレプリントシリーズからも発表していますし、その後、この内容について、少なくとも5回の講演を行っています。アーカイブにこそ投稿してはいませんが、アーカイブを利用しない数学者は現在でも少なからずいます(6)。

数学のジャーナル

以上のような過程を経て、いよいよ論文はジャーナルに投稿されます。ここで、まず数学のジャーナル（雑誌）というものについて、説明する必要があるでしょう。

数学のジャーナルは、数学の研究論文を掲載し、世界中に周知することを目的として出版される雑誌です。世界中には、おそらく読者の皆さんがびっくりしてしまうほどの、数多くのジャーナルがあります。私はその数を数えたことがないので、一体いくつあるのか見当もつきませんが、おそらく数学の学術雑誌と呼べるものだけを数えても、世界中で２００は下らないでしょう。日本でも主要な大学や研究機関が運営するジャーナルがあります。

これら数多くのジャーナルには、例えば、代数系が強いジャーナルとか、解析系の論文が多く掲載されるとか、それぞれに特色があります。ジャーナルにはいくつかの種類があり、それらを分類するだけでも大変な作業です。例えば、いわゆる「総合誌」と呼ばれる雑誌があって、それは基本的には数学のいかなる分野に対しても開かれています。もちろん、すべての分野と言っても、論文を投稿する側は、ジャーナルのエディターリストを見て、自分の論文の価値をわかってくれる人がいそうなところに投稿しますから、投稿論文の分野に、ある程度の偏りができたりす

（６）ですから、望月教授は秘密主義だとか、自分の理論の周知に無関心だとかいう風評にもかかわらず、数学者のコミュニティーにおける通例という視点から見ると、彼の論文公開とその情報の発信方法には、特に変わったところがあったわけではないようです。

るのは当然のことです。

ここで「エディター（editor）」という言葉が出てきました。エディターとは「編集者」という意味ですが、その多くは数学者です。雑誌編集の技術的な側面を担当する編集者の中には、もちろん数学者ではない人もいるでしょうが、いわゆる数学のジャーナルのエディターとして、リストに名前を連ねているのは、主に数学者たちです。彼らは、各人の数学の専門家としての立場から、雑誌の編集にコミットする人たちなのです。

数学のジャーナルの中には、いま紹介した「総合誌」の他に、代数学や幾何学などの、ある程度専門分野に特化した論文のみを扱う「専門誌」というジャンルのものもあります。これらは、その分野の論文に対しては、基本的にはどのようなものにでも、門戸は開かれています。

ジャーナルには、例えば、もともと大学の紀要から始まったタイプのものもありますが、そうではない起源をもつものも数多くあります。例えば、ドイツの有名なジャーナルで「純粋及び応用数学雑誌」というのがありますが、これはアウグスト・クレレ（August Leopold Crelle, 1780–1855）という人が、１８２６年に創刊したものです。ですから、このジャーナルは通称「クレレ誌（Crelle Journal）」と呼ばれています。

クレレ・ジャーナルについては、面白いエピソードが知られています。この雑誌は創刊当初は、創刊者のクレレがエンジニア畑の人だったということもあって、「純粋及び応用数学雑誌（Journal für die reine und angewandte Mathematik）」という名称が示す通り、本当に応用数学の論文も掲載されていました。しかし、時間が経つにつれて応用数学側からの投稿は次第に影を潜め、じきに純粋数学だけの雑誌になってしまいました。したがって、この雑誌はその名称が見事に内実を表さないものとなってしまったわけですが、そういう状況を皮肉って、この雑誌を「純粋・非応用数学雑誌（Journal für die reine unangewandte Mathematik）」と呼ぶ人もいたということです。

それはともかく、数学には様々な種類の雑誌があって、それらがそれぞれに特徴や伝統をもっているというわけです。そして、数学者は自分の論文が発表できる状態になったと判断すると、これらのジャーナルのうちのどれかに投稿することになります。投稿の手順は様々ですが、現在ではジャーナルのホームページ上で、自動化された手順にしたがって論文を投稿するという方式が多いと思います。もちろん、昔ながらの方法、つまり、ジャーナルのエディターのだれかに直接論文を送るというスタイルで、論文を受け入れているジャーナルもあります。

こうして、論文がジャーナルに投稿されると、担当のエディターは、まず最初に、その論文が査読に値する価値がありそうかどうかを判断します。このとき、論文の内容に近い専門家に、短期間の手早い判断を仰ぐこともあります。ここで吟味される点は、論文が正しいか否かという技術的な点よりは、むしろ、先ほど述べた他の価値基準、すなわち「新しい」かどうかということと、「おもしろい」かどうかという点です。これら2つの基準と比べて、「正しい」かどうかというポイントは、その判断には格段に多くの時間とエネルギーが必要です。ですから、これらの最初のジャッジをクリアして、査読にまわす価値があるものと判断された場合は、今度はそれが「正しい」ものであるかどうかを厳正に審査するため、査読者（レフェリー）候補を選定して査読をお願いする、ということになるわけです。

論文がアクセプトされるとはどういうことなのか？

こうして査読者候補にまわされた論文は、その人が査読することに合意すれば、それからある程度の期間、査読に供されることになりますし、合意が得られない場合は、他の査読者候補を探すということになります。査読者候補は、もちろん、その論文の中身をよく理解し、その正しさや価値について、専門的に的確な判断を下せる人であるとエディターが判断した人の中から選ばれるのが常ですが、その判断がときにはあまり的を射ていないこともあります。そういうときは、査読を依頼された人は、論文が自分の専門分野とは異なっていることを理由に、査読を断ることもできます。

もちろん、査読者候補が、査読を断る理由は、他にもあります。数学の論文をじっくり読んで、その正しさについて判断を下す、というのは、一般的に、多くの集中力と時間を費やさなければできない仕事ですが、それに対する報酬は、基本的にはなにもありません。それは、原則として、ボランティアの仕事です。その論文について詳しく勉強ができて、新しい知見を得ることができる、というのが査読から得られる利益と言えそうな唯一のものですが、それ以外には特に報酬らしいものはありません。数学に限らないと思いますが、科学の論文のレフェリーとは、もちろん、なんでも知っている万能の神様なのではなくて、論文の執筆者と同様に研究者です。ですから、論文を書いて、それを査読するというシステムは、研究者同士の善意と「もちつもたれつ」に強く依存しています。そういうわけなので、査読を引き受けることも、断ることも、究極的には個人の自由です。研究やそれ以外のこと、例えば大学や研究機関の管理職としての仕事で忙しいなどの理由で、査読を断ることもあるでしょうし、すでに査読している論文を多く抱えていて、これ以上は無理という場合だってあります。

査読の期間は一般的には3ヶ月くらいが目安とされますが、論文の種類によっては、それよりも長い査読期間を設定した上で、査読の合意が得られるという場合もあります。査読に、結果的に何年もかかってしまうということは、数学の世界では珍しいことではありません。

数学の専門家ではない一般の人たちにとって、この査読のプロセスというのがどのようなものなのかは、興味のあるところでしょう。まず、右でも述べたように、査読者は通常、論文を理解しジャッジすることが要求されるため、論文の専門に近い研究を行っている研究者から選ばれますが、しかし、原則として、だれが査読をやっているのかは秘密にされます。だれが査読者なのかはエディターと査読者自身しか知らないことで、もちろん例外もありますが、一応、だれにも漏らさないことになっています。査読者は匿名であることが原則です。

もちろん、だれが査読者だったか、事実上バレてしまうことも多々あります。例えば、査読の結果は査読者自身が匿名で書いた査読結果報告書の形で、論文の著者に通知されますが、その文章のクセや、あるいは英語の文章の書き方、単語の選び方などから、査読者がどういう人かわかってしまうことがあります。査読報告は英語で書かれることが多いですが、英語のクセには、フランス人的とかドイツ人的とか、書いた人の第一言語の影響が残ることがあります。私も英語のネイティブではありませんから、査読結果を書くときは神経を遣います。自分が日本人であることがバレたくないときは、エディターに頼んで、英語を意図的に加工してもらうこともあります。

いずれにしても、査読者はある一定の期間、論文の査読を行い、論文の正しさと総合的な価値について判断を下します。そして、それをもとにして、最終的にはエディターが掲載の可否を決めることになります。ここでちょっと注意してほしいのは、掲載の可否を決めるのは査読者ではなく、編集者であるということです。編集者は、論文の正しさを含めた価値についての判断を査読者に委託するわけですが、最終的な判断まで任せるわけではありません。もちろん、査読者の意見は重要なものとして扱われますが、ときには査読者の判断とは反対の結果を、エディターが下すということだってあり得るわけです。

それからもう一点。エディターは投稿された論文の全般的な価値を判断して、掲載を許可するか、あるいは拒否(リジェクト)するか判断し、査読者は特にその「正しさ」について判断し、エディターに意見を述べるわけですが、しかし、論文の正しさについて最終的な責任をもつのは、その論文の著者です。実際、掲載が許可された論文や、もうとっくの昔に出版されていた論文に間違いが見つかることは、珍しいことではありません。もちろん、そういうことはないに越したことはないですし、エディターも査読者も、そういうことが起こらないように最大限の努力をするわけですが、しかし、彼らも人間ですから、どうしても間違いはつきものです。しかし、そういう場合、査読者や編集者やジャーナル自体が責任を問われることはありません。責任は論文の著者にあります。

ですから、論文が受理(アクセプト)されるということは、もちろん、その正しさに対して一定の「お墨付き」

が得られたことを意味するわけですが、絶対的なものではありません。前に述べたアーカイブ上のプレプリントに比べて、ジャーナルに掲載された論文の方が、もちろん、圧倒的に信用度が高いのは当然ですが、それでも間違いが残っている可能性は完全には拭(ぬぐ)えないのです。

紳士のゲーム

論文の著者と編集者、および査読者との関係について、最後にもう一つだけ付け加えておきます。数学の論文は、基本的にはどのジャーナルに投稿するのも自由です。ですから、もちろん著者自身が編集委員会の一員であるジャーナルに投稿することもできます。編集委員会は、論文の査読者を決めたり、査読結果を踏まえて掲載の可否を決めたりするわけですから、これはもちろん、表向きは問題がありそうに見えます。しかし、このような場合、論文の著者などの利害関係者は、これら掲載可否決定のプロセスからは締め出されて、公平性が保たれるようにするのが常です。

実際、ジャーナルの編集者や編集長（チーフ・エディター）が、投稿された論文の著者自身ではないにしても、彼らが投稿された論文の著者や、その内容との間に深い利害関係をもつことは多々あります。例えば、著者が自分の共同研究者であったり、あるいは以前自分が指導した学生であったりとか、あるいは投稿された論文の内容が、自分の研究の内容に大幅に関係していて、プライオリティの問題が生じる可能性があるような場合などです。なにしろ、広くて狭い数学者のコミュニティーのことですから、このようなことは日常茶飯事であり、たまたま論文の著者が編集者であったり、編集長であったりするのも、単にそのような多くの事例の一つでしかありません。

実際、自分が関わるジャーナルに論文を投稿することは、決して珍しいことではありません。先にも述べた通り、数学の論文の正しさや価値判断のシステムを支えているのは、基本的には我々個々の数学者の善意と、学問に対する使命感です。その昔、とある有名な数学者が「数学は紳士のゲーム（gentleman's game）だ」と言ったという話を聞いたことがありますが、この広いようで狭い社会において不可避的に生じる利害関係の網目の中で、数学者は公正さについて疑いをもたれるようなことはしない前提となっていますし、現に疑いをもたれることはほとんどありません。

さらに言えば、数学のコミュニティーが、ある程度の「広さ」を獲得するためには、それが議論している数学の内容や枠組みが、ある程度普及している必要があります。ＩＵＴ理論のような、まだあまり普及していない新しい理論の場合は、それについて活発に議論するコミュニティー自体も、まだ成立していないわけですから、論文の投稿先として考えられるジャーナルの「現実的な選択肢」も限定されるのは致し方ないことです。実際、このようなことは今回のＩＵＴ理論に限らず、過去にも多々あったように見受けられます。例えば、１９６０年代前半では（主に、既述のグロタンディークによって）スキーム論やエタール・コホモロジーの理論といった新しい理論が勃興しましたが、これなども似たような状況にあり、論文の投稿先としては、もっぱら「フランス高等科学院紀要（Publ. IHES）」より他には、あまりなかったように思われます。

望月教授の論文が、自分が編集長をしているPublication of RIMSというジャーナルに投稿されたことが、ときおり問題視されることがあります。もちろん、それは表向きの格好はよくないかもしれませんが、これは限定的な「現実的選択肢」として、ある程度は必然的なことであったわけでしょうし、また、それ自体に実質的な問題はなにもないのです。

そもそも人はなぜ数学するのか?

以上、数学者が数学の仕事をするということの意味から始めて、論文を書き、これをジャーナルに投稿するなどして、数学者のコミュニティーに発信していく大まかなプロセスについて、ざっと書いてきました。しかし、ここで読者の皆さんから、「数学者が数学の研究をするというのは、一体なにを目指してやっているのだろうか?」とか「そもそも、数学なんて研究して、なんの役に立つの?」といった、おそらくずっと以前からくすぶっていた疑問が聞こえてきそうです。

数学者の中には、自分の研究が役に立つか立たないかということとは関係なく、自分の興味と使命感のままに研究を続けているという人はたくさんいます。そういう多くの数学者たちにとって、数学をするモティベーションは個人的なものですし、人それぞれ千差万別です。それは数学者に限らない、多くの職業人たちと同様です。ですから、ここで問われていることと、私を含めた個々の数学者の個人的なモティベーションとは、はっきりと区別して考えるべきでしょう。ここで問われている問題はそういうことではなくて、「なぜ人は数学するのか?」という、より普遍的なものだということです。

そして、それは「数学は役に立つのか？」という、よく耳にする疑問に直結しています。この手の疑問に対して、これまでにも「数学は今すぐには役に立たなくても、ずっと先の未来にはきっと役に立つのだ」とか「役に立つ・立たないという問題を超えたところに、数学の真の価値があるのだ」とか、いろいろな回答がなされてきました。私自身はというと、これらの一般的な回答に、もちろんある程度は賛成できますが、同時に、現在の科学や技術の状況を踏まえると、ちょっとした違和感を感じてもいます。そんな私の回答を簡潔に述べると、次のようになると思います。

これほど価値が多様化し、数学の「使われ方」も多様化してしまった現代にあっては、もはやどんな数学でも、それが「役に立つ」のは当たり前だとしか言いようがないし、それを疑うのはもはや無意味になってきている。

これは私の個人的な見解ではありますが、数学となんらかの形で関わる、あるいは関わらざるを得ない多くの人々にとって、ある程度共通の認識であるように思われます。ここで数学に関わる人々というのは、なにも数学者にとどまりません。むしろ、民間企業などで実地に科学技術を担っている人々こそ、この点について真剣に考えている、あるいは考えざるを得ない状況にあるのではないでしょうか。

純粋と応用

「なぜ人は数学するのか？」という問題について、もう少し議論を続けたいと思います。

昔から、数学には「純粋数学」と呼ばれる分野の集まりと、「応用数学」と呼ばれる分野の集まりがあり、概ね数学の全領域とは、これら二つの分野群に大別される、というように漠然と考えられてきました。ここで「応用数学」というのは、数学を使って他の分野の科学や技術・工学などへの応用を重点に置いた数学のことを指し、対する「純粋数学」の方は、このような他分野への応用などとは関係なく、《純粋に》数学自体の興味のために研究する数学のことであるというように、これまた漠然と考えられています。乱暴に言ってしまえば、応用数学とは「使える・役に立つ」数学であり、純粋数学とは「使えない・役に立たない」数学ということにもなってしまうでしょう。この解釈が乱暴すぎるものであることは論を俟たないとしても、「応用vs純粋」というこの二分法が、さまざまな強弱のレベルで「応用＝役に立つ」「純粋＝役に立たない」という印象を、一般の人々に与えてきたことは、ある程度は事実だと言えるのではないでしょうか。

実際、純粋数学と応用数学という二分法が実質的な意味をもっていた時代も確かにあったと思います。いわゆる近代化・工業化の時代においては、科学技術もそれを支える基礎科学もまだ成熟していませんでしたから、技術や工学に数学を応用すると言っても、使える数学の幅は限られていました。そしてそのような状況は、工業や科学技術が成長していく過程においても、ある程度は続いていたでしょうし、それが長く続けば続くほど「応用vs純粋」の二分法が神話化されることにもなったでしょう。しかし、現代のように科学技術自体が多様化し、充実し、洗練されている状況では、それこそどんな数学でも応用の可能性を孕(はら)んでいますし、現に、以前は《純粋》数学と考えられていた分野の数学が、実社会のいたるところで使われています。むしろ、以前は《応用》的と考えられた分野や、実際的な技術が、《純粋》的な理論にフィードバックされたりするなど、科学と技術の関係はすでに横断的で複雑で、一筋縄ではいかないものになっています。それは科学と技術がそれぞれに成熟してきたことを意味しているのですが、単に一方が他方を支えるというような、一方向的で単純なものではない、もっと「いい関係」になってきているということなのだと思います。そういう意味で「応用vs純粋」という安直な二分法は、すでに時代遅れです。

したがって、このような二分法は、数学の社会においても、それを応用する科学技術の世界においても、少なくとも現在ではあまりはっきりと明確には適用されていないようです。もちろん、この二分法の便利な側面もあります。例えば、現在でも大学の学科の中に「応用数学科」や「応用数理学科」があったりしますし、数学の分野で「応用」という言葉を冠するものもあります。そこでは確かに、「応用」という形容詞によって、なんらかの内容が語られているわけで、それらは昔から伝統的に(そして漠然と)《応用的》であるという印象に基づいています。それらは現象の解析に有効な微分方程式の理論であったり、経済学で有効なゲーム理論、社会科学や人文科学に応用される統計学などでしょう。しかし、現在では、数学をよく知っている人ならだれでも、応用に供されている数学がこれだけではないことをよく知っています。

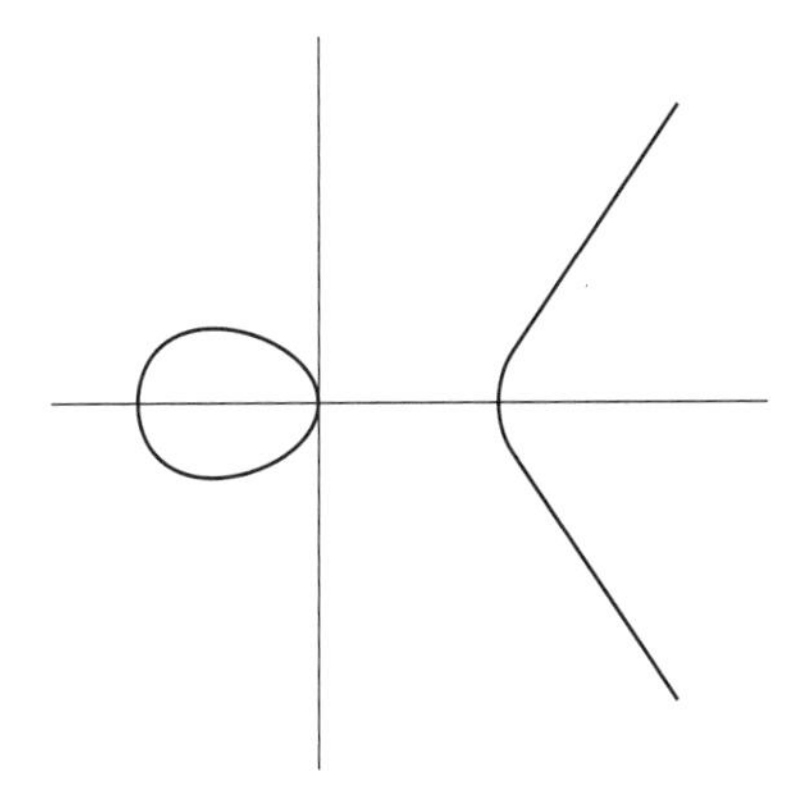

図2-1　楕円曲線（$y^2 = x^3 - x$）

楕円曲線とICカード

この最後の点については、もう少し詳しく事情を説明する必要があります。実際、これほどまでに価値が多様化し、科学技術を巡る世界の状況が流動化している現在においては、数学における「応用vs純粋」という二分法は、まったく意味をなさなくなってきています。そもそもどこまでが純粋数学で、どこからが応用数学か、という境界線のようなものがはっきりあるわけではないので、なにをもって純粋数学とし、なにをもって応用数学とするかの基準自体が、いまも昔も曖昧(あいまい)でした。しかも、現在では曖昧どころか、無意味になっているのです。

例をあげましょう。「楕円(だえん)曲線」というものがあります。(x, y)を座標とする座標平面上で、xとyについての3次式で定義される曲線です。名前の中の「楕円」というのはちょっと誤解を生みやすいもので、楕円曲線は楕円と関係がないわけではないですが、楕円ではありません。もう少し難しい種類の曲線です。図2－1に、楕円曲線の例を一つ示しました。

楕円曲線や、それに関連した数学の研究史は古く、本格的な研究の草分けは18世紀のファニャーノやオイラーに遡り、19世紀には活発に研究されました。これは楕円関数という、非常に興味深い関数について深く理解するために、本質的に必要な種類の曲線だからです。ともあれ、楕円曲線は18世紀から現在にいたるまで、多くの数学者によって研究され、多くの豊かな数学がそこから生じました。その意味で、楕円曲線は数学のとても興味深い対象です。

いま、私は楕円曲線が「とても興味深い」と言いましたが、それは私が数学者であるからで、一般の人にはあまり関係ないし、特におもしろい、あるいは「役に立つ」対象ではない、と思われるかもしれません。確かに、楕円曲線は非常に高度な数学の対象で、例えば、以前も述べたワイルズによる「フェルマーの最終定理」の証明の中でも極めて本質的に使われました。その意味では、楕円曲線は「純粋数学」の極めて高級な対象であるのは確かです。もし「応用vs純粋」という昔ながらの安直な二分法に無理矢理当てはめるなら、それは純粋数学側にドップリと浸かっている概念と目されるのは間違いありません。ですから、その楕円曲線が、実際に我々の日常生活に密接に関わっているものだとしたら、多くの人は驚くのではないでしょうか?

それは皆さんのポケットの中にあって、毎日使っているものなのです。

ＩＣカードが普及する以前、我々はつい最近まで磁気カードのような接触型のカードしかもっていませんでした。従来の磁気カードに比べて、ＩＣカードは画期的に高いセキュリティを誇っています。現に、ＩＣカード決済で高額の金銭をやり取りすることができるようになったのは、この高いセキュリティのおかげです。これはＩＣカードがＩＣチップを内蔵することで、やり取りできる情報量が格段に向上した、ということにも起因していますが、それだけでなく、ＩＣカードが搭載している暗号技術の進歩によるものが大きいのです。最近のＩＣカードは楕円曲線暗号を実装しており、これによって高いセキュリティを確保しています。楕円曲線暗号という暗号技術は、楕円曲線が「群」と呼ばれる演算構造をもつことから発想されて構築されたものです[(7)]。

右では18世紀以来の楕円関数の研究について、ちょっと述べましたが、そこではすでに、楕円関数という関数が、三角関数のような加法定理をもつことが理解され、研究されていました。いまここで楕円曲線という曲線の演算構造と述べたものは、この加法定理の言い換えに他なりません。

しかし、暗号技術に応用されている楕円曲線の演算構造は、18世紀や19世紀に発達した原型的なものではもはやなく、それよりさらにさらに高度に進んだものです。これがどのくらい高級なものであるかを説明するには、有限体という数体系や、それらの体系上に定義された代数曲線といった、極めて専門的な数学について語り始めなければなりません。もちろん、ここでそんなことをしている時間はないのですが、とにかく、それが高度なものであることは、これだけでも伝わるのではないでしょうか。それは高校や大学で普通に教わる数学よりも、さらにさらに上級の数学なのです。

（7）楕円曲線や群という数学の対象は、ＩＵＴ理論においても、非常に本質的に用いられています。群については、この本の後の章で、簡単な解説を行う予定です。

ありふれたサクセスストーリー

18世紀以来発展を続けてきた《純粋》数学であった楕円曲線の数理が、いまやICカードの暗号技術に使われ、日々我々はその恩恵を受けています。実際、それまでの暗号技術に比べて、楕円曲線暗号はビット数を格段に減らすことができたので、大型のコンピューターではなく、ICカードのような小さいものに実装することができたのでした。もちろん、それまでとても応用からは縁遠いと思われてきた数学の対象や手法が、ある日突然《役に立つ》ものとして日の目をみる、ということは昔からありました。だからこそ、数学における理論は「いまは役に立たないかもしれないが、遠い将来には役に立つかもしれない」などともよく言われたものです。その意味では、いま述べた楕円曲線についての事例も、数ある数学対象のサクセスストーリーの一つにすぎない、と思われるかもしれません。

もちろん、それはそうかもしれませんが、このようなストーリーは、現在ではそれこそいたるところに普通に見出される、ある意味「日常茶飯事」になっています。昔はこのようなことは珍しかったからこそ、「数学はいまは役に立たないが、いずれは役に立つ」などと、ことさらに言われたのでしょうが、いまとなっては、こんなことを言うと、ちょっと世間知らずだと思われてしまうのではないでしょうか。

数学の（昔ながらの言い方では）「サクセスストーリー」は、いたるところに転がっている時代になりました。他にはなにがあるでしょうか？

パーシステント・ホモロジーという言葉をお聞きになった読者も多いかもしれません。いわゆる位相的データ解析という分野は、21世紀に入って数学者が開発した強力なデータ解析の手法で、その根底には代数的位相幾何学（代数的トポロジー）という、これまた19世紀から続く伝統的で高度な数学があります。現在ではパーシステント・ホモロジーの方法は急速に注目され、一時代を画するまでになってきています。ここで重要なのは、これは代数的位相幾何学の手法の単なる安直な応用ではないことです。それは、この分野の数学の本質的手法に関わっています。ですから、これらの応用に関係しているエンジニアだけでなく、位相幾何学を専門としている数学者にとっても興味深いイノベーションです。ですから、パーシステント・ホモロジーにまつわる《純粋》側の研究も活発にされています。しかし、こういう状況だからといって代数的位相幾何学を《応用》数学だと考える人を、私は一人も知りません。

いわゆる「金融工学」の世界では、数理ファイナンスなどの高度な数学の素養が求められますが、特に最近では伊藤積分や確率微分方程式などを駆使した金融モデル、例えば、有名なブラック－ショールズモデルなどが縦横無尽に使われています。この手の数学は昔ながらの「応用数学」だというのには、ちょっと抵抗感を覚える数学者や金融の専門家も、きっと多いことでしょう。実際、金融工学は「工学」という名前にもかかわらず、非常に（昔ながらの言い方では）《純粋》よりの数学の素養が必要とされる分野です。そして現在では、世界各国でこのような金融の専門家である「クオンツ」が、数多く輩出される時代になりました。彼らは、単に実学的な金融の技術だけでなく、高度な数学や抽象的な数理モデルを縦横無尽に駆使することができるほどの、高度な数学や数理科学の実力を備えた人々です。そういう意味で、数理ファイナンスやクオンツの輩出を巡る最近の世界の動きは、確率微分方程式という《純粋》数学がファイナンスに《応用》されるという一方向的で安直な図式ではなく、むしろそれらは溶け合って一つになっているのだという、より成熟した数理科学技術の姿を象徴しています。

まだあります。機械学習の世界では、現在では「ディープラーニング」が注目されています。これは今世紀最大の発明だという人もいます。ディープラーニングに代表される「ニューラルネットワーク」のアイデア自体は、かなり昔からありましたが、それが計算機などに実装され、多くの成果をあげるようになった背景には、計算機の性能の向上があるのはもちろんです。しかし、ハードウェアの進歩だけでは、ここまで機械学習が進歩しなかったのも確かなことです。できるだけ計算効率の高いプログラミング技術など、ソフトウェア技術の向上もあったからこそ、今日の進歩がもたらされています。そこには多くの興味深いアイデアがあるのですが、その多くは数学的な背景をもっています。例えば、「誤差逆伝播法」は、学習の損失関数を勾配化するプロセスを格段にシンプルなものとし、その結果、学習の計算スピードを画期的に向上させました。このアイデアの背景にあるのは、実は高校の数学IIIや大学1年生の微分積分学で習う「鎖法則（合成関数の微分法）」というものです。誤差逆伝播法は、いままで述べた様々な事例に比べたら、ちょっと専門的で地味に映るものかもしれませんし、鎖法則も、微分積分学の様々な法則の中では、あまり目立たないものかもしれません。しかし、そのようなあまり目立たないようなところにも、数学が有効にイノベーションを起こしているほどに、数学と実社会の関係は密接で、自明なものになってしまいました。そして、微分積分学を「応用数学」と呼ぶ人なんか一人もいない

アラン・チューリング
（1912−1954）
写真　akg-images/ アフロ

フォン・ノイマン
（1903−1957）
写真　Science Photo Library/ アフロ

だろうことは、もはやだれの目にも明らかなことでしょう。

また、ニューラルネットワークの世界には、特に画像の学習に威力をはっきする「畳み込みニューラルネットワーク」がありますが、これは画像処理におけるフーリエ解析の役割を背景としています。このように、ディープラーニングの世界は、基礎的なものから高級なものまで、数学の概念がいたるところに見出される「数学の宝庫」になっています。

そもそも、計算機（コンピューター）とはなんでしょうか？　それは最近の映画でも有名になった、アラン・チューリングというイギリスの数学者が考え出したチューリングマシンという数理モデルが、情報理論の創始者であるクロード・シャノンや数学者フォン・ノイマンといった人々によって基礎付けられ、実現されたものです。数学が日常生活のいたるところに、それこそ奥底まで浸透し、もう数学の恩恵を受けていないものの方が珍しくなってしまっている状況は、なにもいまに始まったことではありません。数学は、例えばコンピューターの進化形の一つであるスマホという形で、私たちの日常に深く根付いていています。スマホとは、驚くほど多くの数学が使われている現場なのです。

数学の限りない可能性

以前も述べたように、数学とは多種多様な対象とアイデアが交錯する異種格闘技戦の現場です。それが多様で広範な学問であるからこそ、どのような状況にも対応できる柔軟性をもっているのです。ですから、社会や技術が多様化すればするほど、数学の直接の入用性は増大するでしょうし、それに伴って数学自体も進歩を続けることでしょう。数学の進歩は社会の進歩と常に歩みを共にしています。実際、制度面・社会面での変化という視点から見ても、数学と社会が手を携えている姿が、少なくとも現在ではいたるところに見出されるようになりました。「いわゆる純粋数学」（と以前は呼ばれていたもの）をベースにして、科学技術・工学との横断的研究を推進するための競争的資金が多く用意されるようになったのも、そのような動きの一つでしょう。

例えば、日本学術振興会科学研究費補助金特設分野「連携探索型数理科学」は、数学と広く（理工系技術のみならず、言語学や社会学などをも含めた）他分野との「思いがけない連携」を模索することを、その中心的な役割と位置付けており、そのため、おそらくなにか結果がでることは当然と思われるような従来的な課題よりむしろ、可能・不可能の判断は現時点ではできないが新奇性の強い前衛的な課題を多く採用することに重点を置いていました。ここでもベースとして考えられているのは「数学そのもの」であり、その柔軟で限りないリソースの中から、どれだけの横断的研究の可能性を引き出すことができるかが問われています。例えば、以下に平成29年度採択課題からそのキーワードをいくつか抜粋してみましょう。量子ネットワーク・分子カスケード・軸索輸送・軟体動物・制御論・言語的意味・運動様式・甲状腺癌(こうじょうせん)・政策評価手法・計算機支援解析・形成メカニズム・次世代エレクトロニクス材料・生体生命情報・生命知・コロニー形成・南極湖沼・活性化制御・ゲノム編集技術。

このようなことは、すでに多くの専門家・非専門家にとって当たり前のことになってきています。平成26年度の日本学術会議・数理科学委員会の提言『数理科学と他分野科学・産業との連携』は、このあたりの状況の変化を、次のように指摘しています。

現在、数理科学との他分野科学・産業との連携による研究活動を行うという機運が高まっている。(中略)さらに2013年度より数理科学と他分野との共同研究促進のために日本学術振興会科研費の特設分野が設けられるなど、政府による支援も行われている。

現代ほどに価値が多様化し、科学技術が成熟し洗練されている社会にあっては、もはや(昔風の言い方では)「使えない」数学を指摘することすら困難です。ですから、望月教授の宇宙際タイヒミュラー理論ですら、将来なんらかの応用に供されることだって十分にあり得ます。そして、それはそれほど遠い未来のことではないかもしれないのです。

第3章　宇宙際幾何学者

数学の変革

私は望月教授の論文が発表される以前から、その理論が数学界に受け入れられるまでに、おそらくは、いままでの常識を覆すような長い時間がかかるだろう、と考えていました。私は少なくとも10年はかかるだろうし、もしかしたら30年くらいにもなってしまうかもしれない、と考えていたものです。しかし、その理論が斬新でありながら、とても自然な発想に根差したものであることが浸透していけば、いつかは受け入れられることになるだろうと思ってきました。

こういう回想を紹介することによって読者に伝えたいことは、つまりそのくらい、彼の理論は当初から斬新（ざんしん）で抜本的なものに思われた、ということです。それは数学という学問自体を変えてしまうかもしれない、と私は密（ひそ）かに感じていました。数学の長い歴史の中でも、これほどの大きな変革はあっただろうかと思うほどです。19世紀に西洋数学は大きく変革しましたが、それはガロアとかリーマンといった人々による、極めて斬新で抜本的なアイデアがあったからでした。同時に、彼らのアイデアが、その当時の数学界にはなかなか浸透していかなかったことも、史実としては有名です。

「同じようなことが望月さんのアイデアによって起こるのではないだろうか？」私はこのように考えて、その日が来るのを楽しみにしていました。私は以前、一般の読者向けに新書(1)を書いたとき、その各所で「それほど遠くない将来に数学全体が変わってしまうような大きな変化があるかもしれない」というようなことを陰に陽に匂わせていましたが、それはもちろん目下進行中だった望月教授の仕事も念頭にあったからでした。この本を含めて、私はいままで一般向けの数学の啓蒙(けいもう)書を何冊か書いてきましたが、その中で披瀝(ひれき)してきた私の個人的な数学観や、数学の進歩に対する見方の多くの部分が、望月教授との個人的な交流や、彼の数学からの影響によって形成されてきたものであることを、いま私はひしひしと感じています。

もちろん、その傍らで、彼の理論の数学界への浸透のプロセスには、その極めて強烈な新奇性のゆえに、ガロアやリーマンのときのような、長くて紆余(うよ)曲折した受容の進行もあり得るだろうと予想していましたし、その意味では不安に感じることも多かったと思います。そして、その不安は、ある程度的中していることも事実です。

ところで、前にも述べたように、望月教授は最近は外国旅行をしていませんが、以前はしていました。私が望月教授と初めて会ったのも、実はパリのポアンカレ研究所で、１９９７年のことです。当時、私は九州大学の助手でしたが、九大に就職する以前の学生時代を、私は京都大学で

（１）『数学する精神――正しさの創造、美しさの発見』中公新書、中央公論新社、２００７年

過ごしていました。望月教授が京大に来たのは1992年のことだということですから、1997年よりずっと前に顔を合わせていてもおかしくはなかったのですが、京大というのは不思議なところで、私のいた理学部数学教室と、彼のいた数理解析研究所は、距離にして僅々百数十メートルほどの場所にありながら、(少なくとも当時は)あまり人の行き来がなかったと記憶しています。ですから、我々が初めて出会ったのが京都ではなくパリであったとしても、当時は特におかしなことだとは考えませんでした。

当時、1997年前半のポアンカレ研究所では、p進コホモロジーに関する長期間の研究会が開かれており、関連する多くの研究者が滞在していました。日本からの参加者も多く、私もその一人として3ヶ月ほどパリに滞在していました。私が計算機室でコンピューターに向かっていると、望月教授が声をかけてきました。確か、私の修士論文を読んだということだったと思います。彼はこのとき、すでに京大数理解析研究所の助教授でしたが、その多くの研究業績の大半をやり遂げていたか、あるいは目下研究中という状況だったと思います。

32歳で京大教授

いままでは、望月教授の新しいＩＵＴ理論の高い独創性のゆえに、数学者コミュニティーへの浸透が通常のようにはなかなかいかない、という面ばかり強調してきましたので、彼は昔からそういう感じで、数学界でも少々浮いた存在だったという印象を読者に与えたかもしれませんが、少なくとも2000年以前の望月教授は、独創的で興味深い理論を次々と生み出す、強力で有望な若手数学者として、世界中から賞賛されていました。そして、もちろん、いまでもその賞賛は変わっていません。このあたりの事情についても、少しずつ紹介していかなければなりません。

まず、いまさらという感じもありますが、望月教授の経歴を簡単に紹介しましょう。望月教授は昭和44年3月に東京で生まれた、ということですから、昭和43年7月生まれの私とは同じ学年ということになります。しかし、彼は私のような日本の普通の教育課程で育ったのではありませんでした。彼は5歳のときにお父さんの仕事の関係でアメリカ合衆国に渡り、中学生のときに1年間だけ日本に戻ったとき以外は、ずっとアメリカで教育を受けてきた人です。ハイスクールは伝統と名門の誉れ高い、フィリップス・エクセター・アカデミーだったということです。

1985年にエクセターを卒業すると、プリンストン大学に入学し、そこを1988年に卒業しましたが、そのとき彼はまだ19歳でした。そのまま同大学の大学院へ進みましたが、そこでの指導教員は、この本でも先に何度か名前が出てきたファルティングス氏です。もっとも、望月教授本人の話では、ファルティングスから手取り足取り指導を受けたというわけでは、決してないようですが。ただ、後で述べるように、ファルティングスから提案された博士論文の研究テーマは、その後の彼の研究を決定付ける、非常に重要なものでした。

ゲルト・ファルティングス
(1954–)
写真　Ullstein bild/アフロ

望月教授が博士論文を書いて大学院を卒業したのは1992年のことで、このとき彼はまだ23歳でした。博士号を取得してすぐに、京都大学数理解析研究所に助手として採用されました。その後、1996年に27歳の若さで助教授に昇任し、2002年に32歳という驚異的な若さで教授になられて、現在にいたっています。

32歳で京大の教授になるというのは、私の知る限り、ここ最近では最年少ではないかと思います。京大に限らず、日本の大学で教授に就任する年齢の最年少記録がどのくらいなのか、私にはわかりませんが、おそらく望月教授が最近の最年少か、そうでなくとも、それに肉迫していることでしょう。数学の世界で、大学教授になる平均の年齢がどのくらいなのかも、おそらくそういう統計はないものと思いますので、よくわかりません。しかし、40代前半ですでに教授だったら、そこそこ早い方でしょう。32歳で大学教授というのは驚異的な早さです。

焼肉とドラマ

望月教授という人は、もちろん数学者としては天才と言っても決して過言ではない、凄(すご)い人ですが、人間としてもとても魅力的な人です。ここで少し、人間としての望月さんを、友人として紹介したいと思います。そのためには、どうしても私と望月さんとの個人的なエピソードに触れなければなりません（ですので、この節では「望月さん」と呼ばせていただきます）。

2005年の7月のことだったと思いますが、私が京大北部キャンパスの銀杏(いちょう)並木を歩いていると、自転車に乗った望月さんとバッタリ会いました。我々はすでに、それなりに懇意になっていましたし、私が主催した研究集会などで講演をお願いしたりもしていました。しかし、以前も述べたように、京大数学教室と数理解析研究所という所属の違いもあって、あまり頻繁には顔を合わせていなかったと思います。おそらくそのときバッタリ出会ったのも、けっこう久しぶりの再会だったかもしれません。

望月さんはそのころには、今日のIUT理論の構築に向けた歩みを始めていました。すでに2000年前後には、望月さんがABC予想に向けて、非常に独創的な数学の構築を開始していたことは、仲間内では評判になっていましたし、それに対して私を含めた多くの人たちが話題にしていました。それから数年のうちには、望月さんと玉川さんと、松本眞さん（現広島大学教授）の三人によるMMTセミナー[2]というものも始まっていました。

そんな状況であることを、当時の私はよく知りませんでしたが、2005年7月に京大構内でバッタリ会って、久しぶりだったので近くのお店で夕食を一緒にしながら、望月さんは自分の最近の理論をめぐる状況についていろいろ話してくれました。食事が終わって、望月さんと私は初夏の夕焼けを浴びながら、二人ならんで農学部の畑に挟まれた北部キャンパスの道を歩いていましたが、その別れ際に望月さんは、ある程度定期的に二人だけのセミナーをしませんか？と私に提案してきました。私は望月さんの理論には興味がありましたから、二つ返事で同意したのは

（2）望月・松本・玉川のイニシャルをとって「MMTセミナー」と名付けられたようですが、後には藤原一宏さん（現名古屋大学教授）も加わりましたし、私も2回ほどお邪魔させていただきました。

もちろんのことです。

第一回のセミナーは2005年7月12日に行いました。このときから、我々のセミナーは月に数回、最後の方は月に1回程度のペースで、2011年の2月15日まで続けられました。

セミナーは理学部6号館8階の私の研究室で、授業などが終わったあとの夜の時間帯に行いました。初期の頃はセミナーの前に二人で夕食をしてから、私の部屋に行き、そこでセミナーをするという順序でしたが、のちにセミナーの後に夕食をとるという形が定着しました。以下が我々のセミナーの大まかな段取りです。

まずは10分くらい世間話をします。ここで望月さんが意外にも時事問題に詳しく、それらに対して常に鋭い考察をしていると感じることが多かったと記憶しています。政治的な問題について話し始めると、ついつい盛り上がって長話になってしまうこともしばしばでした。また、当時の私には意外に感じられましたが、望月さんは「デジモノ」が好きで、しかも新し物好きのミーハー傾向があるので、新しいデジタル機器などを買うことが多く、そういうときは私にもニコニコしながら見せてくれるのでした。

世間話の話題で多かった中に、テレビドラマについての話があります。実は望月さんは、かなりのテレビっ子で、全録機をもっていて視たい番組は逃さないようにしていたようです。中でも望月さんはドラマが好きで、主だったテレビドラマは大体観ていたと思います。[3] そして、その時々のドラマについて論評したり、ときには自分の数学の内容と絡めて、独特の解釈を披瀝したりすることもありました。そのような望月さんのドラマ好きは、彼のブログ[4]にも随所に見られるので、もはや多くの読者の知るところになっているかもしれません。

次にするのは、次回のセミナー日程の確認です。例えば、私に出張が入っていたりするとセミナーができませんから、この時点で次回の日程を確定して、そのさらに次のセミナーについても見通しを立てておきます。

こうして、ようやく数学の話になります。最初に前回のセミナー以降の進展について、望月さんから報告があります。ここからホワイトボードを使い始めます。まずは、ＩＵＴ論文の進捗状況などについて10分くらい話します。ここでは、セミナーが取り扱っているトピックに直接関係ないこと、例えば、学生さんの指導状況とか新しい留学生のことなども話題になりますし、ときにはそれに関して、私が望月さんの相談にのることもありました。それに併せて、ＡＢＣ予想の論文が完成するまでの具体的ステップに関する将来の展望についても報告があります。当然のことですが、理論ができあがるにつれて、将来の展望も少しずつ具体的になっていくものです。また、当初予定したよりも多くの時間がかかる見込みも出てきたりします。ですから、この部分の報告は、毎回少しずつ変化し、少しずつ具体的になっていきました。

これらの前置き（ここですでに30分くらいは経っています）の後に、いよいよ、今日のトピックをホワイトボードにリストアップして、セミナー本体が始まります。私は基本的に聴き手であ

（3）でも、最近は忙しくて、ドラマを観ることもできない、と本人は嘆いています。
（4）前出『新一の「心の一票」』

り、質問を入れたり感想を述べたりします。ホワイトボードがビッシリ埋まると、各自で写真を撮ります。

私とセミナーを始めた頃には、すでに、望月さんの理論の方向性はかなり固まっていたように思われましたし、それを反映して、最初の頃のセミナーの内容は、中心的なアイデアにいたる発想の経緯の概要や、圏（category）による幾何学についての、すでに望月さんによって成熟されていた理論の概説などでした。

そんな中で、最初に技術的かつ実質的な内容として議論されたのは、「ＩＵ（inter-universal）極限」という概念だったと記憶しています。これは技術的にも、なかなか困難なもので、様々なアイデアや工夫が俎上（そじょう）に載せられました。望月さんは、何度も何度も、その概念の構築を最初からやり直したり、改良したりして、そのたびに自分の理論の将来の展望に自信を深めているように感じられました。

しかし、あるとき、望月さんは「極限」をとる必要はないということに気付きました。この発見は、望月さんにとって、非常に重要なものだったように記憶しています。そこから数論的格子、あるいは数論的楕円（だえん）曲線という発想にいたり、最終的にはログ・テータ格子（log-theta lattice）というアイデアに結実しました。このあたりのアイデアが生まれたのは２００８年くらいのことだったと思いますが、「環構造＝正則構造[5]」という定式化が明確になったのもこの頃だったと思いますし、「たし算とかけ算」という二つの次元に注目して、タイヒミュラー的な変形を論じるという現在のスタイルが確定したのも、この頃だったと記憶しています。

このように毎回毎回新しい哲学的・数学的発見があり、私も興奮させられることしばしばでした。そして、そのような多角的で深遠な考察の連鎖の中から、時を経るごとに「ＩＵＴ理論」こそが正しい理論の枠組みである、という確信が、次第に深まっていったものと思います。２００９年7月20日のホワイトボードには、そのできたてホヤホヤのＩＵＴ理論に基づいた、ＡＢＣ予想の証明が書いてありました。そして、この頃には、理論の核心部分は、かなりはっきりとできあがっていたのだと思います。

セミナーが終わると、二人でお気に入りの店に行って食事をします。最初は今出川通り沿いのいろいろな店に行ってみたり、たまには自転車で遠出もしました。遠くは北山通りのあたりにまで足を延ばしたこともあります。初期には、いろいろな種類の店に行って食事をしていました。しかし、その後、望月さんが大の焼肉好きだとわかると、私も焼肉は大好物ですから、食事は毎回焼肉になりました。当時、百万遍交差点の近くに美味しい焼肉屋があり、我々はそこが一番のお気に入りでしたので、毎回そこに通いました。毎回同じ焼肉屋に行き、毎回同じメニューを注文するのです。私の記憶では、そのメニューとは以下の通りでした。カルビ、ハラミ、豚トロ、鶏の柚胡椒焼き、白ネギ。白ネギだけは必ず二人分で、それ以外は一人分です。そして私は生ビールを注文し、彼は中ライスを必ず注文しました。

私が外国出張したりすると、その間は当然セミナーは中止となりますが、我々が普段セミナー

（5）　これらの用語のいくつかについては、後に簡潔に説明することになりますので、今はあまり気にしなくて結構です。

をやっている曜日の同じ時間に、望月さんは一人で、その店に食べに行っていたということです。そのくらい、望月さんはその店が気に入っていました。しかし、2009年頃のある日、その店が突然閉店したのです！　我々は大変なショックを受け、いまはなきその店の入り口の前で、しばし呆然(ぼうぜん)としたものでした。

それからしばらくは、近隣のいろいろな焼肉店を試しました。店のリサーチはすべて望月さんが行いました。ようやく最後には、とある焼肉屋に落ち着きましたが、それでも昔日のあの百万遍の店が忘れられず、食事中も「〇〇〇〇屋はよかったねぇ」などと、ため息交じりに語り合ったものです。

こんな感じで我々二人の密やかなセミナーは、テレビドラマとデジモノと焼肉を交えながら、着実に進んでいったのです。ですから、私が2011年に京大を離れることになり、そのためセミナーも終わらなければならないとなったときには、お互いとても残念に思いました。幸い、そのときまでにIUT理論の完成に向けてのロードマップはほぼ完全にできていましたし、彼の論文のすべてが2012年には完成することが予想されていました。その意味では、我々のセミナーは一応、その役目を終えたのだと思うこともできました。

2011年2月15日に行われた最後のセミナーは、忘れられない思い出です。すでに私の研究室には、引っ越し用の段ボールが積まれていました。それを見て望月さんは「あー！」と叫びました。我々のセミナーでは、まだIUT理論の「主定理」というものをやっていませんでしたから、最後のセミナーでは、そのことについて議論されました。セミナーが終わって部屋を出る前に、望月さんは「ここは思い出の場所だから」と言って、私の研究室の写真をたくさん撮っていたのが印象的でした。

ディオファントス方程式

さて、先に、プリンストン大学で望月教授の博士論文指導をしたのがファルティングス氏だったと書きました。ファルティングスがモーデル予想の解決によってフィールズ賞を受賞したのが1986年のことでしたから、ファルティングスが望月教授の先生になったのは、そのすぐ後だったということになります。そして、ファルティングスが学生だった望月教授に提案した、その博士論文のテーマとは、「実効版（effective）モーデル予想」というものでした。

そもそも、ファルティングスによって解決されたモーデル予想とは、双曲的代数曲線と呼ばれる対象の「有理点」というものに関する予想です。これはある種の方程式系(6)の有理数解に関するものとして、言い換えることができます。

方程式というのは、もちろんそれを解くことができれば、それに越したことはないですが、なかなかそう簡単には解けないものも多くあります。ですから、それが具体的にどのような解をもつのか、というのは多くの場合難しい問題です。しかし、具体的な解がわからなくても、そもそも解は存在するのかとか、存在すればどのくらい多く存在するのか、という問題は、もう少し扱

（6）「方程式系」とは、複数の方程式からなる連立方程式のことです。

我々が長さや面積、体積など、およそ「量」を表すときに用いるのは、実数という数です。これは「有理数」と「無理数」に分かれます。本文で述べているように、1, 2, 3, … という自然数に0と負の数 −1, −2, −3, … を加えたものが整数であり、二つの整数によって分数の形に書ける数を有理数といいます。有理数が実数の中にくまなく、稠密（ちゅうみつ）に入っています。というのも、いかなる二つの相異なる実数 a, b についても、a と b の間に必ず（無限に多くの）有理数があるからです。しかし、有理数だけで実数が尽きているわけではありません。有名なことですが、例えば $\sqrt{2}$ は有理数でないことは、古代ギリシャ時代から知られていました。このような数、有理数でない実数を、無理数と呼びます。有理数だけで実数の中にくまなく稠密に分布しているのですから、きっと無理数は少ないと思われるかもしれません。しかし、実際はその逆で、「ほとんどの」実数は無理数である、つまり実数の中で有理数の方こそが例外的な数なのだ、ということが知られています。

有理数と無理数

いやすいものになります。例えば、中学や高校で教わる（実数係数の）二次方程式は、それが実数解をもつか否かは、判別式を計算すればわかりますし、また複素数ではいつでも解は存在します。しかし、実数や複素数の代わりに有理数や整数による解が存在するか、という問題になると、とたんに話が難しくなるのが常です。整数とは1、2、3、…という自然数に0と負の数−1、−2、−3、…を加えたものですし、有理数とは、整数と整数による分数の形で書ける数です（囲み記事『有理数と無理数』参照）。与えられた方程式が有理数解や整数解をもつか否か、という問題は、実数や複素数の場合とは本質的に違って、よりデリケートで、より困難な問題になることが多いのです。

　このような問題、つまり与えられた（有理数係数の）方程式系の有理数解や整数解を求めたり、解の存在や解の個数について考えたりする問題を、「ディオファントス方程式」の問題と呼びます。ディオファントス方程式の問題の代表的なものは、ピタゴラスの三つ組の問題と、それに伴って生じるフェルマーの最終定理です。ピタゴラスの三つ組については、この節の囲み記事『ピタゴラスの三つ組』を参照してください。

そこにもあるように、この問題は$x^2+y^2=z^2$を満たすような整数の三つ組(x, y, z)を探す問題ですが、これは両辺をz^2で割って、さらにx/z、y/zをそれぞれ改めてx、yと置き直せば、

$$x^2+y^2=1$$

つまり、半径1の円（以下、単位円と呼びます）の方程式を満たす有理数の組(x, y)を求めることに帰着されます。

実効版モーデル予想

一般に、今までに出てきたような方程式で表される図形があって、その点の座標(x, y)が有理数だけからなるとき、この点を有理点と呼びます。例えば、

$$(x, y) = (0, 1)$$

や

$$(x, y) = \left(\frac{3}{5}, \frac{4}{5}\right)$$

は右の方程式を満たすので単位円の有理点になっています。囲み記事で述べたように、ピタゴラスの三つ組の本質的に相違なるものが無限個あるというのは、この単位円の有理点が無限個あるということを意味しています。

しかし、ここで方程式を少しだけ変えて、pを3以上の素数として、

$$x^p + y^p = 1$$

というものを考えてみましょう。これは前に考えた単位円の方程式とは少し違っていますが、あまり大きな違いはなさそうです。しかし、この場合の有理点のあり方は、劇的に変化します。実

ピタゴラスの三つ組問題とは、方程式

$$x^2 + y^2 = z^2$$

を満たすような自然数（正の整数）をすべて求めよ、という問題です。これは底辺（$=x$）と高さ（$=y$）と斜辺の長さ（$=z$）がすべて自然数であるような直角三角形をすべて求めよ、という問題と解釈することもできます。$(x, y, z) = (3, 4, 5)$ というのは上の式を満たしますので、(3, 4, 5) はピタゴラスの三つ組です。ピタゴラスの三つ組は、少なくとも一つは存在しますから、ピタゴラスの三つ組の問題は少なくとも一つの解をもっています。また、(5, 12, 13) や (8, 15, 17), (7, 24, 25) もピタゴラスの三つ組であることが確かめられます。もちろん、(3, 4, 5) の三つの数を一斉に 2 倍した (6, 8, 10) もピタゴラスの三つ組ですし、同じように 3 倍、4 倍というように、一斉に等倍してもピタゴラスの三つ組は得られます。しかし、このようにして得られるものではなく、上にあげた (3, 4, 5) と (5, 12, 13) のように、互いに他方の何倍かになっているようなものではないものだけを集めてきても、実はピタゴラスの三つ組は無限個存在していることが（はるか昔の古代数学のころから）知られています。

ピタゴラスの三つ組の問題は典型的なディオファントス問題の例ですが、ディオファントスがこれを論じている箇所にフェルマーが書き込んだ内容から、フェルマーの最終定理が生まれたのは、32ページの囲み記事『フェルマーの最終定理』に述べた通りです。

ピタゴラスの三つ組

は、フェルマーの最終定理とは、この場合の有理点が、

$$(x, y) = (1, 0), (0, 1)$$

しかないことを主張しているのです。そして、ワイルズが証明した通り、フェルマーの最終定理は正しいのですから、実は有理点はこの2点しかないのです。

つまり、こういうことです。右の式で$p = 2$の場合（単位円の場合）は有理点が無限個あったのですが、pが3以上になると有理点は有限個しかありません。もちろん、曲線の方程式が変わったのですから、このくらいの変化が起きてもおかしくはないのかもしれません。しかし、無限個だったものが有限個しかないというのですから、これは大きな違いです。

もう少しわかりやすい例をあげると、例えば、

$$x^2 + y^2 = 3$$

というものを考えることができます。これは半径が$\sqrt{3}$の円ですから、これこそ半径が1の単位円と、それほど違いがありそうには思えません。しかし、実は（囲み記事に書いたように）この場合には有理点は全然ないのです！

このように、図形の有理点というのは、図形の方程式の形に、非常にデリケートに影響を受けます。その影響を詳細に解析して、図形の有理点や方程式の有理数解を求めたり、その個数を数えたりすることを主題とするのが「ディオファントス方程式」の問題なのです。

ファルティングスが証明したモーデル予想に戻りましょう。モーデル予想とは、どういう予想だったのかということです。（有理数体の場合の）モーデル予想の主張は「有理数体上定義された、種数2以上の曲線は高々有限個の有理点しかもたない」というものです。例えば、前ページで考えたフェルマー型の曲線、

$$x^p + y^p = 1$$

の場合、pが5以上なら、これは種数2以上になります。そして、確かにこの場合、有理点は有限個しかありませんでした。

ここで種数（genus）という新しい用語が出てきましたが、あまり気にしないでください。ただ、これは考えている曲線の（少し専門的に言えば、位相的な）「形」を表す数です。モーデル予想は、

どんな整数も、3で割ると割り切れるか、割り切れない場合は1または2が余ります。3で割り切れる整数は、2乗しても3で割り切れますが、

$$(3n+1)^2 = 9n^2 + 6n + 1 = 3(3n^2 + 2n) + 1$$
$$(3n+2)^2 = 9n^2 + 12n + 4 = 3(3n^2 + 4n + 1) + 1$$

という式が示すように、3で割り切れない整数の2乗は、必ず3で割って1余る数になります。

$x^2 + y^2 = 3$ が有理点をもつとして矛盾を導くことで、背理法によって、$x^2 + y^2 = 3$ が有理点をもたないことを示すことにします。$x^2 + y^2 = 3$ が有理点をもつなら、

$$\left(\frac{p}{r}\right)^2 + \left(\frac{q}{r}\right)^2 = 3 \quad \text{つまり} \quad p^2 + q^2 = 3r^2$$

を満たす整数 $p,\ q,\ r$ が存在することになります。ただし、$p,\ q,\ r$ のうちのどれか一つは3で割り切れないとしていいです。なぜなら、どれも3で割り切れるなら、分数 $\frac{p}{r},\ \frac{q}{r}$ を約分していって、いつでも $p,\ q,\ r$ のうちのどれか一つは3で割り切れないようにできるからです。

さて、$p^2 + q^2$ は整数の2乗の和で、3で割り切れます。ところで、3で割り切れない整数の2乗は、必ず3で割って1余るのでした。これを使うと、p^2 も q^2 も3で割り切れなければならないことがわかります。つまり、p と q は3で割り切れます。よって、整数 $p_1,\ q_1$ によって $p = 3p_1,\ q = 3q_1$ と書けます。これを代入して整理すると、

$$9p_1^2 + 9q_1^2 = 3r^2 \quad \text{つまり} \quad 3p_1^2 + 3q_1^2 = r^2$$

となります。これは r^2 が3で割れること、つまり r が3で割り切れることを意味します。したがって、$p,\ q,\ r$ のどれもが3で割り切れることになってしまいました。しかし、これは $p,\ q,\ r$ のうちのどれか一つは3で割り切れないとしていたことに反します。よって、矛盾となりましたので、背理法により、$x^2 + y^2 = 3$ は有理点をもたないことが示されました。

「$x^2 + y^2 = 3$」は有理点をもたない！

曲線の「形」と有理点の個数を結びつけるという意味で、非常に美しい予想でしたし、それだけに非常にチャレンジングな問題だったのです。それは非常に難しい問題と考えられていましたから、それだけにファルティングスの仕事の凄さが際立つというわけなのです。

ファルティングスが学生だった望月教授に提案した問題は、このモーデル予想に関するものでした。モーデル予想そのものは、（種数2以上の場合に）有理点が高々有限個であることを主張していましたが、それが具体的に何個になるのか、あるいはその個数はどのくらい大きい、あるいは小さいのか、といった定量的なことはなにも主張していません。ですから、与えられた曲線の有理点が有限個しかないとわかっても、もしかしたら全然ないかもしれないし、あるいは有限と言っても、とてつもなく大きな数だけあるかもしれないのです。そこでファルティングスは、この定量版のモーデル予想、いわゆる「実効版モーデル予想（effective Mordell conjecture）」を提案しました[7]。これは、曲線の有理点が有限個であるというだけでなく、その個数がどのくらいの大きさの数だけあり得るのかということまで考えようということです。

というわけですから、ファルティングスという先生が生徒に与えた問題が、いかに高度なものであったかがわかろうというものです。モーデル予想そのものだけでも、大変難しいもので、な

（7） 望月教授によると、この提案があったのは1991年の1月だったということです。さらに、ファルティングス自身はこのような「提案」をしたことを記憶していないらしいのですが、望月教授にとっては、その提案がとても大きく、かつ（ある意味）衝撃的な出来事であったため、そのときの状況をいまでも非常に鮮明に記憶している、ということです。

にしろファルティングスはそれで数年前にフィールズ賞を受賞しているのです。その上、実効版を証明せよというわけですから、これは大変な宿題です！

それがどのくらい大変な問題だったか、というのはなかなか伝わらないかもしれません。ですが、一つの目安をここで示しましょう。実は「実効版モーデル予想」と「ABC予想」は同値なのです。[8] つまり、前者から後者が証明できるし、後者から前者も証明できます。そういう意味で、この二つは同じくらいの難しさだということなのです！

タイヒミュラー理論

そういう意味では、望月教授はファルティングス先生からの宿題を、20年以上もかけて、ようやく提出したということにもなります。もちろん、彼はこの20年間というもの、この問題ばかりを考えてきたわけではありませんでした。ですが、こういう視点から改めて望月教授の過去の仕事の変遷を眺めてみると、それらは印象的なまでに、ABC予想に向かって繋（つな）がっているようにも見えるのです。

ですので、以下では望月教授の過去の仕事のうちから、IUT理論への道程に関連するもののいくつかを、できるだけ数式を使わないで、アイデアの概略を素描する形で紹介することにします。

まず、最初に紹介したいのは、彼の初期の研究テーマである「p進タイヒミュラー理論」というものです。「タイヒミュラー」という人名は、もうすでに出てきましたし、これは「IUT理論＝宇宙際タイヒミュラー理論」の名前の中にも入っていることは、以前にも述べた通りです。

望月教授による新しい数学の理論が「宇宙際タイヒミュラー理論」というもので、しかも、彼の過去の業績の中に「p進タイヒミュラー理論」があるということから、国内外を問わず、多くの人がこの二つの理論を混同しているのが散見されます。中には、「p進タイヒミュラー理論」は「宇宙際タイヒミュラー理論」の別名であるかのように誤解している人もいるようです。そして、現に望月教授は昔、p進タイヒミュラー理論について基盤的な本[9]を出版したことがあるので、今回のABC予想に関する一連の「騒ぎ」も、この本を巡るものだと誤解されることもあります。これは、まったく見当違いです。「p進タイヒミュラー理論」と「宇宙際タイヒミュラー理論」は、互いにまったく関係がないと断言することはさすがに憚(はばか)られますが、一応、互いに独立した、別々の理論です。

実は、p進タイヒミュラー理論も宇宙際タイヒミュラー理論も、そもそも昔からあった「タイヒミュラー理論」という理論の変化形と捉(とら)えることができます。p進タイヒミュラー理論は、従来のタイヒミュラー理論が（すぐ後の説明にもあるように）複素数による構造について行っていたことを、「p進数」という数体系によるものに置き換えた状況で遂行しようとした理論です。

（8） 詳しくは、Elkies, N.D.: *ABC implies Mordell*, International Mathematics Research Notice, 1991, No.7 および Mochizuki, S.: *Arithmetic Elliptic Curves in General Position*, Math. J. Okayama Univ. **52** (2010), pp. 1–28 を参照。

（9） *"Foundations of p-adic Teichmüller Theory"*, AMS/IP studies in advanced mathematics; v. 11, American Mathematical Society, 1999.

同様の言い方をすれば、宇宙際タイヒミュラー理論とは、これを「数体」というものの構造に対して適用することを目指した理論だと言うことができます。ですから、これらは、もともとのタイヒミュラー理論とは独立な理論ですが、そこから基本的な考え方やアイデアの一端を汲み取ることで、発想され、構築された理論なのです。

ですので、今後のためにも、昔からあったタイヒミュラー理論については、多少なりともその大まかなアイデアを説明しておくとよいと思います。そうすることで、この本の後半で展開する「IUT理論＝宇宙際タイヒミュラー理論」の説明に向けた最初の一歩を踏み出せることになるからです。

というわけで、タイヒミュラー理論というものについて、少々正統的でない説明をしましょう。正統的でない説明を敢えてするのは、一般の読者に対してもわかりやすさを優先したいからです。概念的なアイデアだけを、ここでは説明します。それだけでも、今後のためには十分です。

タイヒミュラー理論は、「タテとヨコ」とか「長さと角度」とか、とにかく二つの次元をもつ図形を相手にします。具体的にはリーマン面というものを考えるのですが、それはともかく、とりあえずは例として、ただの平面を考えてもらって結構です。ただし、そこには「複素構造」というものが入っていなければなりません。複素数を知っている読者は、ただの平面ではなくて、複素平面を考えてもらえばよいです。複素数を知らない人は、ちょっと難しいことかもしれませんが、こういう風に考えましょう。つまり、この平面にはタテとヨコを独立に扱うことのできない、総合的な構造が入っているということです。

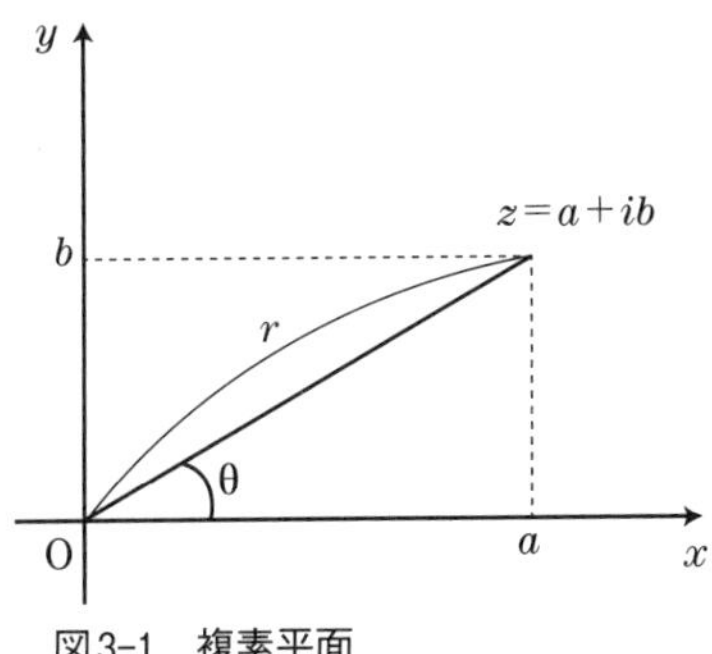

図3-1　複素平面

例えば、複素平面では横軸は実軸で、縦軸は虚軸と呼ばれるもので、複素数という一つの全体の中での役割が決まっています。ですから、ただの平面のように、タテとヨコを独立な次元として扱うことはできません。同じように、この構造においては、長さ（図3－1のr）と角度（図3－1のθ）は、複素構造のために一蓮托生(10)に結びついていて、その関係を勝手にいじることはできません。このように、「タテとヨコ」とか「長さと角度」のように、図形的には2次元であっても、それらが切り離し難く結びついているため、その2つの次元を勝手に変化させることができないという状態が、ここでは考えるべき構造です。複素構造はそのような構造の一つなのですが、他にも数学の様々な分野において、そのような状況の例の多くを作り出したり、見出したりすることができます。

(10)「一蓮托生」とは、このような状況を説明するときに、望月教授が好んで使う言葉です。元々は「死後に同じ蓮華（れんげ）の花の上に生まれ変わる」という意味で、運命を共にしている、というような意味ですが、ここでは2つの次元が連動していて切り離すことができないということを言い表すために用いています。

そこで、この「2つの次元が一蓮托生に結びついている状態」を、望月教授の用語に倣って、これからは「正則構造（holomorphic structure）」と呼ぶことにします。正則構造が入っている図形においては、一方の次元を固定したまま、他方の次元を変化させるというようなことは許されません。それは正則構造を破壊するからです。「タテとヨコ」の例で言えば、縦と横の長さが等しい正方形という図形を、横の長さだけ大きくして（正方形でない）長方形にすることはできませんが、それは正方形という状態（正則構造）を破壊するからです。

タイヒミュラー理論は、この正則構造を敢えて（上手に）破壊することで、図形を変形させることを積極的に行う理論です。これによって、考えている図形の変形を、すべて書き出すことができますし、その変形全体がなす空間を考えることができます。古典的なタイヒミュラー理論は、複素構造という正則構造を破壊するような変形を図形に施しますが、変形された図形は、また新しい正則構造をもって、最初のものと似た図形を定義します。ただ、それは最初の図形とはちょっと違っていて、その違いが正則構造の違いによって定量化されます。似た者同士の二つの図形の違いが定量化できれば、それらがどのくらい似ていて、どのくらい異なっているのかを、数学的に定量的に論じることができるのです。例えば、長方形のタテを固定してヨコを伸び縮みさせれば、タテとヨコの比率が異なった長方形ができますが、その比率はそれらの二つの長方形の形の違いを定量化している、という具合です。

このような「正則構造を破壊するような変形」を「タイヒミュラー変形」と言ったりしますが、この考え方が、後で現れる宇宙際タイヒミュラー理論の基本思想の一つを理解する上で、重要な

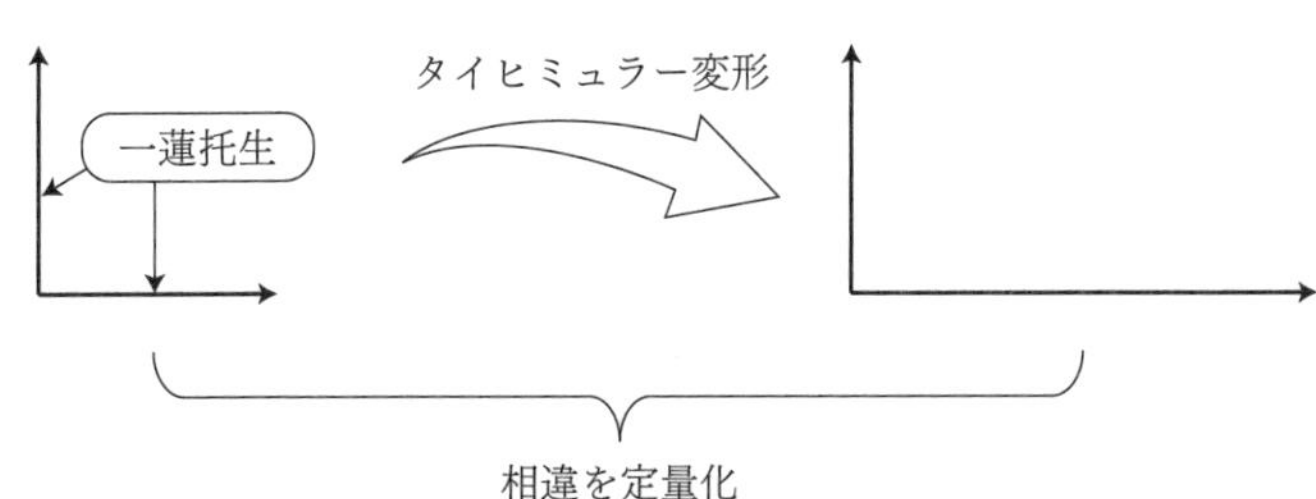

図3-2　タイヒミュラー理論のイメージ

鍵(かぎ)となります。古典的なタイヒミュラー理論は、リーマン面と呼ばれる図形における2つの次元に注目して、その複素構造を破壊する変形を行いますが、p進タイヒミュラー理論は、複素数の代わりにp進数と呼ばれる数体系で、似たようなことを考えます。宇宙際タイヒミュラー理論は、またこれらとは異なっているが、やはり2つの次元が一蓮托生に絡み合っているという状況を正則構造として、似たようなことを考える理論なのです。

以上、ちょっと難しかったかもしれませんが、ここではその骨子だけ理解しておけば十分です。それは「2つの次元が一蓮托生であるさま（正則構造）を破壊し、一方の次元を固定して、他方の次元を伸び縮みさせる変形をすることで、さまざまな図形を作り出し、それらの相違を定量化する」というものです（図3－2参照）。このように、その骨子だけでも標語化しておけば、後で思い出すときに便利かもしれません。

遠アーベル幾何学

望月教授がＩＵＴ理論に本格的に取り組む前にあげられた業績は、p進タイヒミュラー理論だけにはとどまりません。この他にも数多くの素晴らしい業績をあげられているのですが、ここでは後に説明することになるＩＵＴ理論との関連で、「遠アーベル幾何学（Anabelian geometry）」というものと、「ホッジ－アラケロフ理論（Hodge-Arakelov theory）」について、軽く触れておくにとどめましょう。

「遠アーベル幾何学」というのは、その名の通り「アーベルから遠い幾何学」と読めるものです。この用語からして、すでにかなり技術的な意味合いが強いので、なかなか説明が難しいのですが、簡単にいうと「アーベルから遠い」というのは「十分に複雑な」とでも簡明に言えるような意味合いのことです。この本でも後の章で、「群」というものについて簡単に説明をするつもりですが、群の性質として「アーベル的」、あるいは同じ意味ですが「可換」というものがあります。この性質をもつ群は、一般的に構造が簡単になる傾向があるのですが、ここで「遠アーベル的」というのは、その反対で、その「アーベル的」という性質から程遠い状態にあること、つまり「十分に複雑であること」を指しています。「遠アーベル幾何学」とは、そのような十分に複雑な群というものによって、「図形」（幾何学的対象）を復元するという理論です。

もう少し、噛（か）み砕きましょう。いわゆる数論幾何学や代数幾何学に現れる「図形」（代数多様体やスキームと呼ばれている対象）は、それそのものが、ある種の対称性と密接に関わっています。それは簡単に言えば、例えば正方形という図形が、左右対称という対称性をもっていることにも喩（たと）えられます。ここで、その対称性が「遠アーベル的」である、つまり「十分に豊かで複雑」ならば、実はある程度の度合いで、その対称性だけから元々の図形を思い出す、つまり復元することができます。例えば正方形という図形においては、左右対称や、90度回転など、正方形がもつすべての対称性だけが示されると、そこからもともとの正方形という図形が（おぼろげながら）想像される、というようなことに対応しています。

つまり、「遠アーベル幾何学」の最も重要な側面は、「対称性によってモノを復元する」という考え方なのです。「遠アーベル幾何学」については、後の章でIUT理論を説明するときに、もう少し詳しく説明することにします。そしてそこでは、この「対称性による復元」という考え方が非常に重要になってきますから、言葉だけでもいまのうちに憶（おぼ）えておいてください。

ホッジ - アラケロフ理論

もう一つの「ホッジ－アラケロフ理論」は、実はとても専門的な理論なので、ここでわかりやすく噛み砕いて説明することは、とても骨が折れます。

この理論は「楕円曲線」というものの、非常に深遠な構造を明らかにした理論です[11]。楕円曲線については、すでに第2章で述べました。そこでは、楕円曲線はいつでも現代人のポケットに入っているような身近な数学的対象でありながら、実は非常に理論的にも深遠な対象であることを理解していただいたと思います。望月教授の「ホッジ－アラケロフ理論」は、この楕円曲線がもっている、さらに深遠な構造を明らかにしました。その意味で、この理論のもっている意義には、

（11） 非常に噛み砕いて言えば、ホッジ - アラケロフ理論は楕円曲線上に定義された代数的な関数と、楕円曲線の対称性を記述している群上に定義された関数とが、1対1に対応していることを主張する理論です。

極めて重要なものがあります。ですが、それがある程度難しい数学を必要とするもので、しかも、それそのものは後々の説明では直接には出てきませんので、ここではこのくらいの説明にとどめようと思います。しかし、後のＩＵＴ理論構築に関連して、次のことだけは言っておきたいと思います。

実は望月教授にとって、ホッジ－アラケロフ理論は、彼をＡＢＣ予想の解決に向かわせる直接の引き金となった理論でした。２０００年前後の頃に、望月教授は、ホッジ－アラケロフ理論のある側面を数体上で大域的[12]に実現することができれば、ＡＢＣ予想が解けるということに気づきました。しかし、そのためにはどうしても越えがたい障害がありました。それは、例えば普通の意味での有理数などのような、数というものが本来的にもっている「頑強な」構造に由来する障害です。それは数という、もっとも自然な数学的対象がもっている、あまりにも基本的な構造なので、その障害は極めて自然なものであり、それだけにそれを越えることは、普通の数学者の目には明らかに不可能であるとさえ思われるような代物です。ですから、普通の数学者だったら、あっさり諦めてしまうことでしょう。

しかし、望月教授は諦めませんでした。彼はそれから約2年間を、この障害を越えることが本当に不可能なのか否かを徹底的に検証するために費やしたということです。そしてついに、それを越えることは「現在の数学」では不可能である、という結論に達しました。ここまでくれば、よほどの大数学者だって諦めたかもしれません。しかし、彼は、ここでも諦めませんでした。彼は、それならば「新しい数学」を作ればいい、と思ったのだそうです。こうしてＩＵＴ理論の構築への第一歩が踏み出されたわけです。

以上、p進タイヒミュラー理論と遠アーベル幾何学とホッジ－アラケロフ理論について、簡単に述べました。これらは望月教授にとって、ＩＵＴ理論を構築する上で欠かすことのできなかった、非常に重要なステップとなったものです。ホッジ－アラケロフ理論は、ＩＵＴ理論への直接の引き金となったものですが、ＩＵＴ理論を構築する上で、望月教授がそれまでに研究していたタイヒミュラー理論の（p進という）変化形と、遠アーベル幾何学は、とても重要な礎石でした。

その中でも、タイヒミュラー理論の使われ方は、非常に印象的です。それは、それそのものがＩＵＴ理論を構築する上で、直接的な建築材料になったというわけではないのですが、その考え方や基本理念を通して、数学的というよりは、それ以前の哲学的なレベルで重要な示唆を与えることになりました。そういう意味では、これは技術的に重要であったというよりは、ＩＵＴ理論という新しい発想を形にしようとする上で、望月教授自身にとっての道しるべの一つになったものだ、と言うこともできます。

自然であること

ＩＵＴ理論を構築する途上の望月教授は、だれもまだ通ったことのない山道を、一人で一歩一歩登っていく冒険家にも喩えられるかもしれません。それはだれも通ったことがないのですから、

（12）これらの専門的な用語については、この本の最後の章で簡単に説明しますので、今はあまり気にされなくて結構です。

だれも道案内することはできません。各所で見渡せる景色や、自然のちょっとした変化も見落とさず、少ない情報を大切に利用して進まなければならないのです。その一歩一歩が、果たして正しい方向を向いているのかは、だれにもわかりませんし、望月教授本人にもわからなかったことは、さぞかし多かったことでしょう。そういう中でも進まなければならないとしたら、望月教授のような冒険家は、なにに頼って進む方向を決めるのでしょうか？

　これは難しい問題です。おそらく歴史上、まったく新しい仕事をしてきた人たちのだれもが、経験した困難かもしれません。ですから、この問題は数学の長い歴史上、何度も繰り返されてきたものでしょうし、それだけに難しい問題だということにもなるでしょう。

　ですから、私も軽々に自分の意見を述べるわけにはいかないのは、重々承知しています。それを断った上で、それでもなお、望月教授が（そして、おそらく歴史上の天才たちが）、その歩みの方向を決める根拠としてきたことの重要な一つをあげるとすれば、それは「自然であること」とでも言えるものではないかと思うのです。

　もちろん、数学に限らず、研究者というのは新しいことを追求するものですし、そうであるからこそ研究者と呼ばれもするわけでしょう。研究者であるからには、新しいこと、まだだれもやったことのないことをしなければならないのです。ですから、望月教授に限らずいかなる数学者も、程度の差こそあれ、それなりに独自の歩みをしなければならないことに、変わりはありません。その際「自然であること」、つまり「どのように考えるのが自然か」ということを原理として考えを進める人は、非常に多いと思います。そして、このような研究の歩みの方向性を決めるものは、技術的なものであるというよりは、哲学的なものになることが多いのも事実です。

このあたりのニュアンスは、一般の読者にはなかなか伝わりにくいかもしれませんし、それだけに慎重な説明が要求されるように思います。それを承知で、少々乱暴な言い方をしてしまうと、数学者は新しいことを見つけるときは、論理的に一歩一歩のステップを堅実に踏みしめて次第に新しい定理にいたる、というよりは、直観的に見つけることが多い、という側面があります。実際、数学とは非常に論理的な学問であると同時に、非常に直観的な学問でもあるのです。中学や高校でいままで知らなかった定理を学んだりするとき、我々はその証明や説明を一行一行読んで論理的に理解するという側面もある一方で、それがとても自然で、いろいろなことと整合していて、その正しさが「腑に落ちる」という意味での、直観的な理解も重要でした。つまり、論理的に詳細な理解と、直観的で全体的な理解の両面が、数学における「正しさ」の認識を支えているわけです。数学がわからない、苦手だというのは、この両面のうちの、少なくともどちらか一方が欠けているということなのだ、とも言えるのではないでしょうか。そして多くの場合、理屈の上では筋が通っていても、なかなか全体像が腑に落ちるようにならないことが原因なのだと思います。逆に、数学が得意な人というのは、もちろんロジック（論理）に強いだけでなく、ひらめきや直観による総合的把握の能力にも優れている人なのだとも言うことができるかもしれません。

同様のことは、数学者がまだだれも考えたことのない、新しい定理を発見したり新しい理論を構築したりする場合にも当てはまります。数学は論理的な学問ですし、定理の証明は論理的になされますから、新しい理論の構築も、定理の証明と同じように、一歩一歩のロジックの積み重ねでなされる、と思う人も多いかもしれません。もちろん、そういう側面も大事なのですが、それだけではなく、全体像の直観的な把握も重要なのです。

だれも歩いたことのない土地をまっすぐ歩こうとするとき、次の一歩だけを見て歩き続ければ、まっすぐに歩けるとは限りません。しばらく歩いて後に振り返ってみると、ぐにゃぐにゃに曲がりながら歩いていた、ということの方が多いでしょう。しかし、自分の歩いている進路を、GPSなどを使って全体的に鳥瞰(ちょうかん)できれば、まっすぐ歩くのは難しいことではありません。そして、多くの場合、数学の新しい理論を構築する上でGPSの役割を果たすのが、「自然であること」についての鋭敏な直観なのだ、というわけです。

ですから、「自然であること」、つまり「なにが自然な考え方か？」というのは、論理的な手続きといった技術的な問題ではなく、そういったことの背後にある、よりホリスティックで直観的なものです。哲学的とも言えるでしょう。それは我々が論理的に一歩一歩考える上での、GPS的な道案内をしてくれる指導原理です。ですから、それは決して論理一辺倒のものではないわけです。「長年のカン」がものをいうことだってあり得ます。それは証明などの論理的な手続きに先立って、定理や理論の「正しさ」を教えてくれる道標なのですから、論理だけで語れるようなものではないのです。

アナロジー

望月教授はIUT理論を構築する上で、この「自然であること」を、常に心がけていたと思います。なにしろ、第1章でも垣間見たように、そして後の章でももう少し詳しく説明するように、ＩＵＴ理論はこの上なく独創的で斬新な理論です。それを一つ一つ構築していくことは、人類がまだだれも歩いたことのない惑星の上を歩くようなものです。いくら慎重に歩いたところで、闇雲に歩いてしまえば、いつなんどき崖から転落してしまうかわかりません。

　この点で、ＩＵＴ理論は非常にシビアだったと思います。実際、それはいままでの人類がやってきたような一つの「数学一式＝宇宙」で考えてしまうと、たちまち矛盾が起こってしまうような議論をしなければならないのです。複数の数学一式の舞台を考えることで、いままでの数学にはなかった、まったく新しい種類の柔軟性を手に入れることが、ＩＵＴ理論の真骨頂なのですが、そのようなことは、まだだれも考えたことがないわけですから、慎重に行わなければ、すぐに谷底に落ちてしまいます。だからと言って、足元ばかり注意深く見ていてもダメなわけで、どちらの方向に向かえば「自然」なのかという感覚が常に大事になってくるわけです。

　ですから、２００５年から２０１１年までに及んだ、望月教授と私の密やかなセミナーでも、常にこの点は重要なこととして扱われていたと思います。というより、私とのセミナーの役割は、この「自然な方向性」を見出し、それについて確信を深めることにあったのだと私は理解しています。ですから、このセミナーでは、技術的な細部について論理的に確認するという側面よりも、それが自然な考え方で、目標に向かって正しい方向を向いているか、という点が重視されました。そういう意味でも、望月教授は「自然であること」を常に重視していましたし、この点は私には非常に印象深い点です。

アンリ・ポアンカレ
(1854−1912)

では、このような場合、数学者はその「自然な方向性」を、どのような手段によって手に入れるのでしょうか？　これはもちろん千差万別だと思います。突然啓示を受けたようにそれに気付くことだってあるでしょう。ポアンカレという数学者は、馬車に乗り込もうとしていた瞬間に、長い間考えていた問題に関して、突然重要なアイデアがひらめいたことがあったそうです。ポアンカレのような、ある意味わかりやすい直観的ひらめきによらなくても、数学者は日々、程度の差こそあれ、ひらめきの積み重ねでその歩を進めています。

他にはなにがあるでしょうか。私が思うに、望月教授は「アナロジー（類似）」というやり方を重視されてきたと感じます。つまり、未知のことについて考える場合に、すでにもうわかっていることで、それによく似た側面をもつものを考えて、両者を並行に考えていくというやり方です。従来から存在している理論が実際に進んできた方向性を、未知の理論の構築にもある程度そのまま移植して、その類似性を保つような方向性に進んでいくというわけです。既知の理論はすでに「正しい」と認知されているわけですが、それと同時に、それは自然なものであったはずです。ですから、そのやり方を、未知の理論にも応用できれば、自然な方向性を手に入れることができるでしょう。

アナロジーとは、未知のことや、まだ実現されていないことを、すでに知っている、あるいは実際に起こっていることを参考に、それを真似ることで理解したり、実現したりすることです。人間は新しいことをしようとするとき、多かれ少なかれ、アナロジーの力に頼るものだと思います。例えば、人間が空を飛びたいと思ったとき、最初に試みるのは、鳥の飛び方を真似て、羽のついた乗り物をこしらえることだと思いますが、これも「鳥の飛行」という現実の現象に基づいた、アナロジーによる問題解決の典型的な例でしょう。

もちろん、アナロジーだけでは、物事を完全に行うことはできないのが常です。飛行機の場合も、鳥の飛び方を真似ている部分もありながら、鳥とはまったく異なる原理や素材を用いて作られたからこそ、本当に飛ぶことのできる乗り物として、見事に実現されたのだと思います。しかし、その出発点に、鳥の飛行とのアナロジーがあったことは、飛行機というマシンが発明される上で、とても重要なことだったはずです。それは、飛行機の開発の初期段階で、その「正しい方向」を示唆するという、とても重要な役割を果たしたのです。その意味では、これは非常によくできたアナロジーの成功例だったと言えると思います。

ここで注意してほしいのは、「アナロジー」という方法は、決して論理的な手続きではないということです。それは論理的には直接の関連がない二つの物事の間に、類似性という橋をかけるやり方です。それら二つの物事は、もしかしたら、まったくジャンルの異なることかもしれません。しかし、それらをアナロジーという関係性で並行に捉えることで、論理的手段では捉えることのできない、柔軟なアイデアを生むことができます。その意味で、アナロジーという考え方は、望月教授に限らず、多くの数学者がその研究や物事の理解に使っている、思考のトリックなのです。

実際、IUT理論は、その基本的アイデアや理念という層では、アナロジーの宝庫であると言うことができます。その数々のアナロジーの中から、いくつか代表的なものを、この本の後半で取り上げることになります。ある意味、この本でやろうとしているようなこと、つまり、IUT理論のような極めて難しい数学の理論を、一般の読者にもわかりやすく、そのアイデアの骨子を概略的に伝えるということが可能であるのも、IUT理論という新しい理論が、豊かなアナロジーを含んでいるからだと言えるのです。「異なる宇宙の間の通信」とか、「異なる大きさのジグソーパズルのピースをはめる」などといった、この本の後半に出てくるような魅力的な比喩（ひゆ）の数々も、そもそもIUT理論が豊かなアナロジーによってその自然性を確保しようとしてきたからこそ、考えることができるわけです。

先に「タイヒミュラー理論」が、IUT理論にとって直接の基盤となったわけではないにしても、非常に重要な礎石を与えたということを述べましたが、まさにここにあるのはアナロジーです。IUT理論は、「宇宙際という状況で展開されたタイヒミュラー理論」ともパラフレーズできるかもしれませんが、その際のタイヒミュラー理論の関わり方は、まさに道しるべとして、つまり、重要なアナロジーとしてのものでした。もちろん、そこにはただの「類似＝アナログ」というだけでは語れない、深奥の関係もあるかもしれません。少なくとも、そう思わせるなにかはあります。

ところで、この本でもすでに何度か取り上げてきた、望月教授のブログでは、このアナロジーがとても自由な発想のもとに展開されています。そこでは、例えば、日本でも話題になったある人気ドラマに関連付けて、ＩＵＴ理論に出てくる重要概念である「テータリンク」というものが契約結婚になぞらえられています。また、そのブログの別の記事では、ＩＵＴ理論に出てくる様々な重要な要素と、紅白歌合戦での人気アイドルグループのパフォーマンスとが、アナロジーで結ばれる様子についても書かれています。これらはもちろん、実際にＩＵＴ理論という数学の理論を構築したり理解したりする上では、あまり関係のない「お遊び」に過ぎないかもしれません。しかし、このような思考の遊戯が、「アナロジー」という自由で、実際の理論形成に有効でもあった思考のトリックに基づいているのは、とても望月教授らしいと私は思いますし、多少大げさに言えば、彼の数学のスタイルをある意味象徴していると考えられもするのです。

第4章 たし算とかけ算

素数と素因数分解

このあたりで、いままでにも名前だけは何度も出てきた「ＡＢＣ予想」について、少し詳しく説明することにしましょう。そして、数学者とは限らない一般の読書の皆さんにとっても、その意味を理解するのはそれほど難しくないにもかかわらず、それを解くのは非常に難しいということや、その理由についても、わかりやすく解説していこうと思います。

ですが、その前に、まず素数や素因数分解について、軽く復習しておきたいと思います。素数や素因数分解は、ＡＢＣ予想をはじめとした、様々な整数論の問題を論じるときに、いつも必ず登場するものです。ですから、これらについて手早く思い出しておくことは、今後のためにも避けて通れません。もっとも、素数や素因数分解は中学や高校でも教わりますし、そもそも素数というのは、数学の中でも有名なトピックですから、これらについてよく知っている読者も多いことでしょう。素数については、囲み記事『素数』に簡潔にまとめましたので、必要に応じて、そちらを参照してください。

整数とは自然数1, 2, 3, … に、0と負の数 −1, −2, −3, … を加えたものです。整数 a, b について、b が a の約数である、あるいは a が b の倍数であるとは、$a = bc$ となるような第三の整数 c が存在することです。例えば、$6 = 2 \cdot 3$ ですから、2は6の約数ですし、6は2の倍数です。しかし、$5 = 2 \cdot c$ となる整数 c は存在しません（$c = \frac{5}{2}$ は有理数ですが、整数ではありません）から、2は5の約数ではありませんし、5は2の倍数ではありません。

2以上の整数 p が、1と自分自身 p より他に正の約数をもたないとき、p は素数と呼ばれます。素数でない正の整数は合成数と呼ばれます。

例えば、5は1と5を約数にもちますが、2, 3, 4は約数ではありません。ですから、5は素数です。一般に2以上の整数 p が素数であることを確かめるには、2から $p-1$ までの整数が、どれも p の約数でないことがわかれば十分です。100までの素数は、

2, 3, 5, 7, 11, 13, 17, 19, 23, 29, 31, 37, 41, 43,
53, 59, 61, 67, 71, 73, 79, 83, 89, 91, 97

の25個あります。

素数

素因数分解についても、中学や高校で習ったことを憶(おぼ)えている方は多いでしょう。どんな自然数も、いくつかの素数の積の形に分解することができます。しかも、その分解の仕方は一通りです。例えば、24という数は素数ではありません（素数でない数は「合成数」と呼ばれます）。どうしてかというと、これは6という約数をもっていて、これは1とも、自分自身である24とも等しくないからです。この約数を用いて分解すると、24は6と4のかけ算になります。

ここで、6という数は素数ではありません。どうしてかというと、これは2という約数をもっていて、これは1でも自分自身である6とも等しくないからです。この約数を用いて分解する

と、6は2と3のかけ算になります。また、4という数も素数ではありません。それは2という約数をもっていて、それによって、2と2のかけ算に分解されます。

以上より、

$$24=6\cdot4$$
$$=2\cdot3\cdot2\cdot2$$

となります。つまり、24という数は2を三回かけて、それに3を一回かけて得られる数だということになります。

ここで、注意してほしいのは、右で24を6と4のかけ算に分解したとき、6や4のそれぞれは、まだ2・3や2・2という形に分解できたのですが、それらを分解して得られた2や3という数は、もうそれ以上分解できないということです。つまり、それらは素数だということです。ですから、24という数を約数に分解していくという、このゲームも、24が三つの2と一つの3に分解されてしまった時点で終わりということになります。

このように、どのような自然数も、それを右のように約数で次々に分解していくと、どこかでもうこれ以上は分解できないという状態になります。そのときに得られていた分解の式が、もとの数の素因数分解です。

もともとの数が、最初から素数だったら、実はもう最初からそれは分解できません。例えば、17というのは素数なので、もうそれ以上は分解できません。ですから、こういう場合は、

$$17 = 17$$

という当たり前の式が、素因数分解を与える式ということになります。

1はどうするのか？　という声が聞こえてきそうですが、そこはあまり気にしてもらわなくても結構です。多少なりともペダンティックな言い方をすれば、1は「0個の素数の積」に分解されている、と捉（とら）えられます。なんのことかわからない読者も多いかもしれませんが、これは全然気にされなくて結構です。

さて、先に24という数が三つの2と一つの3という素数の積に分解されることを述べましたが、これを累乗の記号を用いて、いくぶん見やすく書くと、

$$24 = 2^3 \cdot 3$$

となります。2の右肩に3が乗っているのは「2が3個かけられたもの」という意味でした。このように、右肩に乗っている数字を「指数」とか「べき指数」とか呼びます。3の方は、杓子定（しゃくし）

規には「3が1個かけられたもの」ですから、「3^1」と書くのが順当なところですが、このような右肩の1は省略されることが多いのは、読者もよくご存知でしょう。

こうして、累乗を用いた書き方をして、そうしてそこに現れる素数を左から小さい順に並べていけば、自然数の素因数分解として最も標準的な形のものが得られます。この書き方で書いた素因数分解を「標準分解」と呼びます。この形に書いてしまえば、実は、どんな数もその標準分解は一通りです。表4－1に、いくつかの数についで、それらの標準分解を示します。どれもちょっとした暗算で計算できるものばかりですから、先に進む前に、ご自分で確認してみてください。

数	標準分解
36	$2^2 \cdot 3^2$
72	$2^3 \cdot 3^2$
20	$2^2 \cdot 5$
90	$2 \cdot 3^2 \cdot 5$
56	$2^3 \cdot 7$

表4-1　いくつかの数の標準分解

根基

以上で素数と素因数分解について、ざっと復習いたしました。実はABC予想の主張を理解するためには、これに関連して、もう一つ概念を準備しておく必要があります。それは自然数の「根基」というものです。

一般に、自然数nについて、その標準分解を考えて、そこに現れる素数の指数を全部1にしたものを、nの根基と呼んで、記号で、

$$\mathrm{rad}(n)$$

と書きます。例えば、先に計算した24の標準分解は、

$$24 = 2^3 \cdot 3^1$$

でしたから、そこに現れるべき指数、つまり2の右肩の数字3と、3の右肩の数字1を、すべて1にしてしまって、

$$2^1 \cdot 3^1 = 2 \cdot 3 = 6$$

が、24の根基ということになります。つまり、

$$\mathrm{rad}(24) = 2 \cdot 3 = 6$$

というわけです。

標準分解に現れるべき指数をすべて1にしてしまうというのは、つまり、その数の素因数分解に現れる素数を、それぞれ一回だけかけて得られる数を考えるということです。もう少し簡潔な言い方をしてみると、nの根基とは、nの素因数分解に現れる相違なる素数の積、ということになります。ですから、例えば、

$$\begin{aligned} 6 &= \mathrm{rad}(6) \\ &= \mathrm{rad}(12) \\ &= \mathrm{rad}(18) \\ &= \mathrm{rad}(24) \\ &= \mathrm{rad}(36) \\ &= \mathrm{rad}(48) \\ &= \mathrm{rad}(72) \end{aligned}$$

などということになります。ここに現れる6、12、18、24、…などの数は、どれもその素因数分解に2と3しか現れません。ですから、それらが何回現れようとも、その回数を一回にしてしまうことで得られた根基は、どれも皆同じになるというわけです。

最後に、いくつか補足をしておきます。まず、明らかに素数pに対しては、

$$\mathrm{rad}(p) = p$$

です。これは問題ないでしょう。また、

$$\mathrm{rad}(1) = 1$$

とすると、なにかと便利なのですが、これについてはあまり深く考えなくても結構です。

ＡＢＣトリプル

というわけで、ようやくＡＢＣ予想について解説できるようになりました。ＡＢＣ予想は、「ＡＢＣトリプル」（triple＝三つ組）と呼ばれる自然数の三つ組、

$$(a,\ b,\ c)$$

についての予想です。まず最初に、このＡＢＣトリプルの作り方から解説します。

ＡＢＣトリプルを作るために、まず二つの自然数a、bを考えます。ただし、どんなものでもいいというわけではありません。これらの自然数は「互いに素」である必要があります。互いに素であるというのは、これらの自然数それぞれの素因数分解を考えたとき、そこに共通して現れる素数がない、ということです[1]。

例えば、10と21は互いに素です。というのも、10の素因数分解には2と5という素数しか現れず、21の素因数分解には3と7という素数しか現れません。この両者には共通の素数がありません。ですから、10と21は互いに素です。しかし、6と14はどうでしょうか？ 6の素因数分解には2と3という素数が現れ、また14の素因数分解には2と7という素因数が現れます。これらは2という素数を共通にもっていますから、6と14は互いに素ではありません。

最初に戻って、互いに素である二つの自然数a、bを考えましょう。そして、aとbをたしたものをcとします。こうして得られた三つの自然数a、b、cの組、

$$(a,\ b,\ c)$$
$$(a+b=c)$$

を「ＡＢＣトリプル」と呼びます。つまり、ＡＢＣトリプルとは、自然数a、b、cの三つ組で、最初の二つが互いに素であり、最後の一つは最初の二つの和になっているもののことをいいます[2]。

次に、ABCトリプル(a, b, c)について、その三つの数の積abcを考え、その根基をdとおきましょう。つまり、

$$d = \mathrm{rad}(abc)$$

とします。dは、言い換えれば、abcの素因数分解に現れる素数の（互いに相違なるもの一個ずつの）積です。この状況で、ABC予想がその主張の対象とするのは、こうして得られた二つの自然数cとdの間の大小の比較です。

いろいろ具体的な数で実験してみると、多くの場合、dの方がcより大きいことがわかります。例えば、aを5、bを7とした場合を囲み記事『計算その1』で、aを11、bを25とした場合を囲み記事『計算その2』で計算していますので、ご覧ください。どちらの場合も、cよりdの方が大きくなっています。

（1）「aとbが互いに素である」というのは、「aとbの最大公約数が1である」と言い換えることもできます。

（2）cがaとbの和であることから、aとbが互いに素であることは、a、b、cのうちのどの二つも互いに素であることと同値です。

$a=5,\ b=7$ とします。

$$c=a+b=5+7=12$$

ですから $abc=5\cdot 7\cdot 12$ となりますが、その標準分解を計算すると、

$$abc=2^2\cdot 3\cdot 5\cdot 7$$

となります。ですから、

$$d=\mathrm{rad}(abc)=2\cdot 3\cdot 5\cdot 7=210$$

となります。ここで、c が12で、d が210ですから、d の方が c よりも大きくなります。

計算その1

$a=11,\ b=25$ とします。

$$c=a+b=11+25=36$$

ですから $abc=11\cdot 25\cdot 36$ となりますが、その標準分解を計算すると、

$$abc=2^2\cdot 3^2\cdot 5^2\cdot 11$$

となります。ですから、

$$d=\mathrm{rad}(abc)=2\cdot 3\cdot 5\cdot 11=330$$

となります。ここで、c が36で、d が330ですから、d の方が c よりも大きくなります。

計算その2

$a=1,\ b=8$ とします。

$$c=a+b=1+8=9$$

ですから $abc=1\cdot 8\cdot 9$ となりますが、その標準分解を計算すると、

$$abc=2^3\cdot 3^2$$

となります。ですから、

$$d=\mathrm{rad}(abc)=2\cdot 3=6$$

となります。ここで、c が9で、d が6ですから、d の方が c よりも小さくなります。

計算その３

例外的ABCトリプルとABC予想

それでは、いつでも d の方が c よりも大きいのでしょうか？　つまり、どんなABCトリプルについて144ページのように計算を進めていっても、必ず d の方が c より大きくなるのでしょうか？　実はそうではないこともわかります。例えば、簡単な例では a として1を、b として8をとってきた場合で、この場合の計算をまた囲み記事『計算その3』で示しますが、そこで計算されている通り、c は9で d は6となるので、この場合は d の方が c より小さくなっています。

というわけですから、以上のように計算された c と d の値の大小の比較には、これといって規則性はなさそうにも見えます。しかし、実際にいろいろと計算してみると、ほとんどの場合では d の方が c よりも大きく、最後の例のように c の方が d よりも大きくなるケースは、非常にまれであることがわかります。

上の最後の例のように、c の方が d よりも大きくなっているようなABCトリプルを、ここでは「例外的」

$a = 5,\ b = 27$ とします。

$$c = a + b = 5 + 27 = 32$$

ですから $abc = 5 \cdot 27 \cdot 32$ となりますが、その標準分解を計算すると、

$$abc = 2^5 \cdot 3^3 \cdot 5$$

となります。ですから、

$$d = \mathrm{rad}(abc) = 2 \cdot 3 \cdot 5 = 30$$

となります。ここで、c が32で、d が30であり、d の方が c よりも小さいので、(5, 27, 32) は例外的ABCトリプルです。

計算その4

と呼ぶことにします。これは、ほとんどの場合は d の方が c より大きいだろうという、我々のいささか安直な期待に対する例外という意味です。(1, 8, 9) は、例外的ABCトリプルの例でした。もう一つの例を、囲み記事『計算その4』で示します。

例外的ABCトリプルは、少なくとも計算機などで実際の計算をしてわかる限りにおいては、非常にまれであることがわかっています。例えば、c が（普通に10進数で書いて）たかだか4桁の自然数の範囲にある場合、可能なABCトリプルの個数は、約1500万通りですが、その中で例外的ABCトリプルは120個しかありません。また、c が5万未満の範囲で考えても、可能なABCトリプルの個数は約3億8000万個もあるのに、例外的ABCトリプルは276個しかないのです。ですから、d が c より小になるという、例外的ABCトリプルが、いかに少ないかがわかると思います。

ABC予想とは、この例外的ABCトリプルが「と

$$a + b = c$$

を満たす、互いに素な自然数の組 (a, b, c) に対し、$d = \mathrm{rad}(abc)$ とする。このとき、任意の正の実数 $\varepsilon > 0$ に対して、

$$c > d^{1+\varepsilon}$$

となる組 (a, b, c) は、高々有限個しか存在しないであろう。

ABC 予想

ても少ない」という状況を、数学的に定式化することによって立てられた予想です。そのステートメントを、囲み記事『ABC予想』で示しましたので、興味のある読者は見てみてください。ただ、この本のこれからの議論の中で、このステートメント自体が非常に重要になってくるということはありません。ですから、読者はこれについてあまり技術的な詳細は気にしないで大丈夫です。一応、数学的な主張として、ABC予想のステートメントは書いておいたわけですが、ここではすでに述べてきたように、「(dがcより小さいという)例外的ABCトリプルは、とても少ない」くらいの理解で十分です。

強いABC予想

第3章では、ファルティングスが解決したモーデル予想や、それより強い実効版(effective)モーデル予想などの問題に関連して、ディオファントス方程式の問題について簡単に紹介しました。ディオファントス方程式の問題とは、有理数係数の方程式系の有理数解や整数解を求めたり、解の存在や解の個数について考えたりする問題で、これは代数曲線などの有理点の問題とも捉えられるものでし

た。代表的なものはピタゴラスの三つ組の問題で、これは第3章で、ある程度説明したように、原点を中心とした半径1の円（単位円）の方程式で定義される二次曲線の有理点を求める問題に（基本的には）翻訳されます。そして、この問題から（フェルマーの書き込みによって）派生してきた問題が、フェルマーの最終定理なのでした。

ここでABC予想に戻りましょう。ABC予想とは「（dがcより小さいという）例外的ABCトリプルは、とても少ない」ということを予想したものでした。少ないとは言っても、例外的ABCトリプルは実際に存在しているのですから、「$c<d$」という不等式がすべてのABCトリプルに対して成り立つわけではありません。しかし、dの方をd^2やd^3などというように、どんどん累乗していけば、これはどんどん大きくなっていきますので、十分に大きなNをとれば、どんなABCトリプルについても、必ず、

$$c < d^N$$

が成り立つようにできます。[3]

ABC予想は「ほとんどの場合はdの方がcより大きい」ということ、そうでない例外的な場合が「少ない」ということを予想しているわけですが、その例外的な場合も含めて、dを十分たくさん累乗してしまえば、いつでもcの方が小さくできるというわけです。例外的ABCトリプルが存在してしまっているということは、つまり、右でNを1にしてはダメだということなので

強いABC予想を仮定して、フェルマーの最終定理を証明します。背理法で証明するので、nを3以上の自然数として、

$$x^n + y^n = z^n$$

を満たす自然数の組(x, y, z)が存在したとします。x, y, zに共通因数があるなら、それで割っておいて、x, yは互いに素であるとしてもよいです。このとき、(x^n, y^n, z^n)はABCトリプルになります。よって、
$z^n < \mathrm{rad}(x^n y^n z^n)^2$ですが、根基の定義から$\mathrm{rad}(x^n y^n z^n)^2 = \mathrm{rad}(xyz)^2$で、
$x, y < z$ですから$\mathrm{rad}(xyz)^2 \leqq (xyz)^2 < (z^3)^2 = z^6$となり、よって、

$$z^n < z^6$$

となります。これは自然数nが6より小さいことを示していますが、nは3以上でしたから、nの可能性は3, 4, 5しかありません。しかし、これらの場合には、フェルマーの最終定理が正しいことは昔からわかっていました。ですから、ここで矛盾となり、よって背理法により、フェルマーの最終定理が証明されました。

強いABC予想からフェルマーの最終定理へ

すが、Nを十分大きくとりさえすれば、いつでも右の不等式が成り立つ、というわけです。

しかし、このNとして、どのくらい大きな数をとればいいのかということは、また別の難しい問題です。ABC予想が正しいならば、このようなNは必ずとれます。しかし、それはもしかしたら、とてつもなく大きな数かもしれません。

実は、これについて大胆な予想があります。それは、Nとして、実は2をとれば十分だ、と主張するものです。つまり、どんなABCトリプルについても、例外なくcは必ずd^2より小さい、と主張す

(3) これは前節の囲み記事『ABC予想』で述べたABC予想の正確なステートメントから導くことができます。

るわけです。これは非常に強い予想です。(4) この強い意味でのABC予想が正しいのであれば、実はそこからフェルマーの最終定理を簡単に導くことができます。そのやり方を、囲み記事『強いABC予想からフェルマーの最終定理へ』に書きましたので、興味のある方はご覧ください。

その波及効果

このように、ABC予想（あるいはその強いバージョン）は、それだけ単独でチャレンジングな問題でありますが、実は他の様々な問題と関係していることが知られています。それらをいくつか、名前だけでも列挙してみましょう。

ABC予想が証明されると、以下の予想が自動的に正しいことになります。

- 実効版（effective）モーデル予想
- シュピロ予想
- フライ予想
- 双曲的代数曲線に関するヴォイタ予想

そして、強い意味でのABC予想から、フェルマーの最終定理がすぐに従うことは、すでに見た通りです。

このように、ABC予想は、その非常に単純で簡単な外観にもかかわらず、楕円（だえん）曲線や双曲的曲線など、概念的に高度な対象をも巻き込んだ、難しい予想の多くと関係しています。そのため、

ジョセフ・オェステルレ（1954－）
写真　George M. Bergman/Archives of the Mathematisches Forschungsinstitut Oberwolfach

デヴィッド・マッサー（1948－）
写真　David W. Masser/Archives of the Mathematisches Forschungsinstitut Oberwolfach

ABC予想は、それがマッサーとオェステルレによって1985年に提出されて以降、多くの研究者の関心を集めてきました。

ですから、ABC予想が解決されたとなると、この関連の整数論や数論幾何学の諸分野へのインパクトは甚大です。ABC予想が証明されてしまうと、現代数学の景色が一変してしまう、と言うことだってできるでしょう。

しかし、ここである程度はっきり述べておく必要があると思いますが、実をいうと、望月教授にとっては、ABC予想自体の解決ということより、IUT理論本体を完成させることの方がより高い重要性をもつものでした。私の記憶では、望月教授は、たとえABC予想の証明には失敗したとしても、IUT理論という新しくて高

（4）　IUT理論を用いても、ここまで強い予想は証明されていません。

い価値のあるものを、しっかり残すことの方が重要だ、という意味のことを何度か話しています。

つまり、いままでにも各所で同様のことを述べてきたと思いますが、ABC予想はIUT理論という壮大な理論の、一つの応用に過ぎないものという位置付けです。もちろん、それは極めて大事な応用であることは論を俟ちませんし、実際、望月教授にとってABC予想こそが、IUT理論を構築しようとする重要なモティベーションの一つでした。しかし、そうではあっても、IUT理論というものはABC予想とは独立なものと考えるべきものです。それは、ABC予想を解くためだけに突貫工事で作られた、単なる手段に過ぎないものではありません。それはそれ単独で、独立の数学的意義をもつものとして構築されたのです。

そもそも予想とはなにか?

ところで、この本でも以前から予想、予想などと言って、ABC予想はもとより、そのほかにも様々な予想について述べてきましたが、そもそも数学における「予想」というものがなんなのか、ということを疑問に思われる読者もいるかもしれません。もちろん、この本の読者の中には、すでにいろいろな数学上の予想問題を知っていて、「予想」というものがどんなものか、ある程度知っている人も多いと思います。しかし、そうではあっても、例えば、数学のような論理的に厳密な学問で、「予想」などというものがどうして可能なのか、あるいは、「予想」というものの数学上の価値はなんなのかなど、とかく「予想」に関する話題には、どこまでも奥深く、興味の尽きないものがあります。

そもそも、数学における「予想（conjecture）」とはなんでしょうか？　予想とは「正しいと考えられてはいるが、まだ証明されていない数学の命題」というものです。それは数学の命題という形に、数学の言葉を用いて正確に述べられたものですから、表向きは「定理」と同じようなものに見えます。しかし、それがいわゆる「定理」と異なるのは、「予想」にはまだだれも証明をつけていない、という点です。

ですから、予想においては、それが本当に正しいのか、あるいは正しくないのか、という点がまだはっきりしていません。証明がないのですから、その正しさについては、まだ保留の状態にあるわけです。要するに、「正しさが保留されている定理」が「予想」だということになります。それは正しいのか正しくないのかわかっていませんが、いずれだれかが新しいアイデアを出して、証明するかもしれない。あるいは、例えば「反例」が見つかることによって、実はそれは正しくないということが、だれかによって明らかにされるかもしれない。「予想」というのは、そういうものです。

このように、予想というのは、まだ正しさが確定していない数学上の命題なのですが、そもそものようなものが、数学で役に立つのだろうか、と疑問に思われる人もいるかもしれません。実は、予想を立てたり、予想について考えたりすることは、数学の研究を進める上で非常に重要なことです。

数学における「予想」の中で、おそらくもっとも有名なものの一つは、この本でも以前から何度か登場している「フェルマーの最終定理」です。これは「最終定理」と呼ばれていますが、これが本当に証明されて、定理になったのは１９９４年のことでした。32ページの囲み記事『フェルマーの最終定理』でも述べたように、この予想は17世紀にフェルマーがディオファントスの『算術（Arithmetica）』のラテン語訳の欄外に記してから、ワイルズによって証明されるまで、約３５０年間ずっと証明されてこなかったのです。つまり、その間はずっと「予想」であり続けました。それは問題自体は小学生でもわかるような、とてもシンプルなものです。同時に、それは非常に難しいものでもあります。シンプルで美しいのに、とても難しいということが、このフェルマーの最終定理の特徴です。

しかしながら、このフェルマー予想というのは、それそのものが数学的に深く、あるいは美しかったということよりも、それが歴史上の数学者を駆り立てて、多くの数学の深い理論を作らせたという意味では、とても重要な予想でした。なにしろ、シンプルで難しい予想でしたから、多くの数学者により注目されてきました。そして、それを解こうと試みる中で、彼らがいろいろな数学上のアイデアを出し、それがときには一つの大きな理論となって結実する、ということも多々ありました。つまり、この予想は数学者にモティベーションを与えるという役目を果たしてきたのであり、その意味での重要性にも、非常に高いものがあったわけです。

実は、このようなことは、フェルマーの最終定理に限らず、およそ深い予想、興味深い予想にまつわる数学者の闘いの歴史の中で、数多く見られてきたことです。その意味で、「予想」はただ単に「正しさが保留されている命題」という意味合い以上の、重要な役割を担っています。それは数学者に深い洞察への誘(いざな)いとモティベーションを与えるのです。その意味で、数学の世界において「予想」というのは重要なものです。それは数学を進歩させ推進させるための原動力にもなっています。

ABC予想も、そういった非常に重要な予想問題の中の一つです。ABC予想も、フェルマーの最終定理と似たところが多くあります。ABC予想も、フェルマーの最終定理と同じくシンプルで、問題自体は小学生でも理解できます。しかし、それはとても深遠なものでした。そして、これは望月教授という数学者に、現状の数学の限界について深い洞察を促し、IUT理論という「新しい数学」を発想させるモティベーションを与えたのです。そのために、望月教授は斬新で深い含蓄をもつ数多くのアイデアを生み出したのですが、これらのきっかけとなったという意味だけでも、ABC予想の重要性は甚大です。さらに、ABC予想の場合に際立っているのは、それが解けることによる波及効果です。前節でも述べたように、ABC予想が解決すれば、他の多くの困難な予想問題が自動的に解決してしまいます。

というわけですから、ABC予想は、

・シンプルさ
・新しいアイデアや理論が生まれるきっかけとなったこと
・そしてその数学上の波及効果の大きさ

という三拍子揃った「予想」だということになります。そしておそらく、一般的に数学の「予想」がもつ価値というものは、この三つのファクターで決まる部分が多いと思います。

予想はなぜ可能なのか?

ですが、読者の中には、まだこれだけでは「予想」についてわかった気がしないという人も多いかもしれません。おそらく、もっとも多い疑問は、そもそも証明されてもいないことを、「予想」するなどということが、どうして可能なのか? というものかもしれません。「予想」はまだ証明のない命題です。証明がないのに、それが正しいと予想できるのはなぜなのでしょうか。

実はここには、第3章で述べたこと、つまり、数学とは非常に論理的な学問であると同時に、非常に直観的な学問でもある、ということが関わっています。そこでも述べたように、数学における理解には、証明や説明を一行一行確かめることによる論理的な理解と、自然であることや、他の事実と見事に整合していることなどから得られる、もっと直観的な「腑に落ちる」というタイプの理解の両面があります。論理だけでは数学はできません。数学を進めるためには、一歩一歩のロジックの積み重ねだけでなく、直観的で全体像把握型の認識も必要なのです。もちろん、正しさを最終的に支えているのは証明であり、論理であり、水も漏らさぬ論理の積み重ねだとも言えるかもしれません。しかし、そこにいたる前の段階では、数学者は「なにが自然な考え方か?」や「長年のカン」などといった、あまり論理的とは言えない手続きによる認識で、物事の正しさを摑み取ろうとします。そうして、ある程度当たりをつけておいてから、それを今度は証明しようと試みるのです。もちろん、新しいことをする上での手順ややり方は、数学者それぞれ千差万別でしょう。しかし、多くの数学者が、多かれ少なかれ、このような思考の過程を踏むものだと思います。

そういう意味では、数学者は常に「予想」を立てて、それを解こうとしています。つまり、論理的な証明という手続きに先立って、なにが正しいと思われるかについて考え、予想を立てて、最後にそれを証明する、というわけです。

この思考のサイクルは、大きな定理を証明するときだけでなく、定理を証明する途上の小さな補助定理の発見と証明にも、小さく入れ子になって現れます。ですから、小さな「予想」は数学者にとって、極めて日常的なものです。そういった予想の中でも「大きな」ものは、それを考えた当人には証明できないものかもしれません。そういうものが数学者のコミュニティーの中で流通することで、ＡＢＣ予想などのような、いわゆる「予想問題」となるわけです。

そういう意味では、「予想」というのは、実は数学者の研究活動の中では、取り立てて特別のものではないということになります。それは「研究する」という研究者の活動の中に、その大小様々な思考のサイクルの中に自然に現れるものです。ですから、数学の世界には、有名なものから無名のものまで、「予想」はたくさんあります。その中の多くの有名でシンプルな予想を、我々は以下で見ることになります。

気まぐれな素因数

以上見てきたように、ＡＢＣ予想は、それが解ければ、他の多くの重要問題も自動的に解決されてしまうほどの、大きな影響力をもっています。このこと一つをとっても、ＡＢＣ予想は非常に重要な予想です。しかし、それは重要でありながら、同時に、非常に難しい予想でもあります。それはシンプルで、素数や素因数分解について知ってさえいれば、だれでもその問題自体を理解することができます。そういう意味では、これはとても簡単に見える予想です。しかし、それでもなお、それは大変難しい予想でした。この予想が1985年にマッサーとオェステルレによって提出されて以来、それこそ世界中のトップクラスの数学者たちが、この予想の解決に向けて真剣に考えてきたことでしょう。しかし、それは解かれませんでした。解かれないどころか、その解決に向けての見込みすら立っていませんでした。

では、なぜABC予想はそこまで難しい問題だったのでしょうか？　これについて、なかなか一言でその理由を述べることはできませんが、一つ重要で基本的な側面をあげることはできます。それは、

ABC予想においては、たし算的な側面とかけ算的な側面が、複雑に混ざってしまっているということです。つまり、そもそも数においては、それが固有にもっているたし算的な性質とかけ算的な性質が分かち難く結びついてしまっていて、その結びつきの強さがかえって、ABC予想という問題を難しくしているということなのです。

数の世界には「たし算」と「かけ算」があるのは、当たり前のことですし、この二つがそれなりに関係し合っているのは小学生だってわかることです。数がもっているそもそもの固有の概念として、たし算とかけ算という二つの演算があるわけで、それはそれこそ宇宙創成の昔から決ま

a	b	$c=a+b$	abc	$d=\mathrm{rad}(abc)$
1	27	28	$2^2\cdot3^3\cdot7$	$2\cdot3\cdot7$
2	27	29	$2\cdot3^3\cdot29$	$2\cdot3\cdot29$
4	27	31	$2^2\cdot3^3\cdot31$	$2\cdot3\cdot31$
5	27	32	$2^5\cdot3^3\cdot5$	$2\cdot3\cdot5$
7	27	34	$2\cdot3^3\cdot7\cdot17$	$2\cdot3\cdot7\cdot17$
8	27	35	$2^3\cdot3^3\cdot5\cdot7$	$2\cdot3\cdot5\cdot7$

表4-2　例外的ABCトリプル（5, 27, 32）の周辺

りきっていることなのですから、そのような当たり前で基本的なことが、問題の難しさの根本にあると言われても、あまりピンとこないかもしれません。ですから、このことには丁寧な説明が必要でしょう。

手始めに、表４－２を見てください。ここには、先に例外的ABCトリプルの例として示した$(5, 27, 32)$の前後にある、いくつかABCトリプルについて、そのcの値やdの値を計算しています。ここではbの値は27に固定しておいて、aの方を動かしています。ここでbが27なら、aの値として3とか6とか9はとれないことに注意してください（3や6や9は27と互いに素でないからです）。また、積abcの値やdの値は、見やすいように標準分解で与えています。ここで、一番右の欄を見てみると、その標準分解に2や3という素数が現れることは共通していますが、それ以外にどんな素数が現れるかは、かなりバラバラで、あまり規則性はないように見えます。2と3が必ず現れるのは、bの値を27に固定したことに由来しますので、あまり深いことではありません。問題はむしろ、これら以外にどんな素数が現れるかです。それは5であったり7であったり、ときに

は29や31のような大きな素数が唐突に出現したりします。

このようなことは、この表に現れるようなABCトリプルだけに見られることではなくて、基本的にはどのようなABCトリプルの列にも見られる現象です。いくつかのABCトリプルを、ある程度規則正しく並べて計算してみると、出てくるdの標準分解に現れる素数には、あまり規則性があるようには見えません。むしろ、どんな素数が出てくるのかは、完全に気まぐれな感じさえします。

しかし、もちろん、どんなABCトリプルについても、dの値を計算する方法には、完全に数学的な規則があります。それはすべてのABCトリプルに共通する計算法です。そこに「気まぐれ」が入り込む余地はありません。ですから、ここに現れている現象は、計算方法は完全に数学的な規則に則って（のっと）いながら、出てくる結果がバラバラに見えるという、大変不思議な現象なのです。

このようなことは、もっと簡単な状況でも起こります。実は、数の世界において、このような「素因数の気まぐれ」は、いたるところに姿を現す現象です。

ある自然数があって、その標準分解がとても簡単だったとしましょう。例えば、その数が素数だったりすると、その素因数分解は自明なものですから、とても簡単です。しかし、その数に1をたしてしまうと、唐突にその標準分解がとても複雑になってしまうとか、さらに1をたしていくと、逆にもっと簡単になってしまったりします。そういうことは、数の世界では日常茶飯事に起こります。

表4－3では、30という数から出発して、1ずつたしていったときの、標準分解の様子を示しました。これを見ると、例えば、素数である31のところでは、標準分解は自明になりますが、その次の32は突然2^5という高いべきが現れます。その後も、11や17のような素数が現れたかと思えば、36になると、また小さい素因数しか現れないようになったりと、変化に富んでいるのがわかるでしょう。これだけの計算では、まだまだその変化の一端しかわかりませんが、もっと計算を続けていけば、素因数の現れ方がいかに「気まぐれ」に見えるかが、さらによくわかると思います。

右では、ABCトリプルをいろいろと動かすと、dの標準分解の中に、ときおり唐突に大きな素数が現れたり、逆にとても小さな素数しか現れなかったりすることがあり、その現れ方のパターンはとても気まぐれに見える、と述べました。唐突に大きな素数が現れる場合は、そのABCトリプルは例外的にはなりにくくなります。実際、その場合にはdが大きくなる傾向にあるからです。しかし、abcの素因数がどれも小さいものばかりだと、そのABCトリプルは例外的になりやすくなります。というのも、その場合はdが小さくなる傾向にあるからです。

したがって、標準分解の中に現れる素数の種類や大きさは、ABCトリプルが例外的になるか否かに、非常にデリケートに関わってくる重大事であることがわかります。そして、そ

数	標準分解
30	2・3・5
31	31
32	2^5
33	3・11
34	2・17
35	5・7
36	2^2・3^2

表4-3　「気まぐれ」な素因数

の重大事が、右に述べたような、まったく「気まぐれ」に見える素数の出現パターンに依存している、というわけなのです。ここに、ABC予想を解くことの難しさの一端があります。ABC予想の解決は、この「気まぐれ」をいかにして系統的に理解できるか、ということに掛かっているのです。

もう一度強調しておきますが、ここで述べたような素数の「気まぐれ」も、そもそもは数学的に完全に普遍的な計算規則に基づいて計算されたものなのです。ですから、それはそういう意味では、完全に規則的です。しかし、それは気まぐれで、とてもそのパターンを正確に把握することは無理なように見えます。どうして、このようなことが起こるのでしょうか？　実はそこに、まさに以前も述べた「たし算的構造とかけ算的構造の複雑な絡み合い」があるのです。

たし算的側面とかけ算的側面

先に述べたように、ABC予想ではcとdという二つの数に注目します。そして、この二つの数の大小関係に注目するのでした。大抵はdの方が大きいが、ときどきcの方が大きいことがある。それは三つの数a、b、cの積に現れる素因数の種類や大きさに関係することで、そこにはあまり規則性がない、つまり「気まぐれ」なように見える。しかし、このような気まぐれな例外は、実はとても少ないだろう、というのがABC予想が主張していることでした。

ここでcという数は、aとbを「たす」ことによって、つまり「たし算」を使って計算される数であることに注意してください。一方のdの方はというと、これはaとbとcを「かける」ことによって、つまり「かけ算」を使って計算される数に関係しています。dはその数の根基というものでした。それは、どのようにして計算されるのでしょうか？　根基を計算するためには、まず、数の素因数分解をするのでした。素因数分解とは、数を素数の「積（＝かけ算）」に分解することです。そうしておいて、複数回現れる素数のダブりをすべて除去して、そこに現れる素数はすべて一回きりになるようにしたのが根基というものでした。ですから、dを計算するときには、我々は最初から最後まで、数のかけ算としての側面ばかりを使って計算しているのです。それはaとbとcの「積」の「素因数分解」から計算されます。

というわけですから、ABC予想においては、数の「たし算的側面」の代表選手であるcと、「かけ算的側面」の代表選手であるdを比べる、ということがテーマとなっているのです。たし算的に得られる数と、かけ算的に得られる数の関係を見る、というのがABC予想の特徴になっています。このかけ算的な側面とたし算的な側面が、まさに混ざっているということが、ある意味ではこの予想の真骨頂なのですし、その難しさの原点であります。

そして、実際問題として、自然数における「たし算とかけ算の関係」というのは、複雑すぎてよくわからないのです。たし算とかけ算なんて、どちらも小学校の算数で教わることですから、その関係だってとても簡単だと、きっと読者は思われることでしょう。しかし、そこにはとても難しい問題があります。ある意味、整数論の難しさや深さのすべてが、この「たし算とかけ算の関係」に由来している、と言ってしまっても、必ずしも過言ではないのです。

たし算とかけ算が絡まっているというのが、なぜそんなに難しいのでしょうか。これを少しでもわかってもらうために、そもそも数とはなにか、というところにまで戻ってみたいと思います。そもそも自然数とはなんでしょうか？　それは、

1, 2, 3, 4, 5, …

というように、1から始まって、1ずつ次々にたして得られる数です。この考え方は、自然数というものの理解として、非常に自然であり単純です。「1」という最初の数に注目して、それに順次1をたしていくだけです。1をたして2を作る、さらに1をたして3を作る、さらに1をたして4を作る、ということを繰り返していきます。これをどこまでも繰り返していけば、すべての自然数を作れるというわけで、非常に単純で自然な考え方だと思います。読者の皆さんにも、自然数とはこういうものだと、心から同意してもらえると思います。

そして、この意味での自然数の作り方は、数学的にも正確なものです。数学の世界では「ペアノの公理」というのがあって、これは、イタリア人のペアノという人が考えた公理なのですが、この公理が特徴付ける自然数というのものの考え方は、本質的にはいま述べたようなものに他なりません。ですから、自然数がこのように、1から出発して次々に1をどこまでもたしていくことで作られる数である、というのは、直観的にも数学的にも、極めて真っ当なものです。

このような形での自然数の理解は、とても自然でわかりやすいものですし、さらにいえば、一見これだけで、自然数のすべてがわかったようにも思えます。なにしろ、こうすれば「すべての自然数」を作ることができるのです。もちろん、自然数は無限に多くありますから、いつまで1をたし続けても、そのすべてを作り終えることはできませんが、理屈の上では、このようにして、どんな大きな自然数だって、正しく認識することができるはずです。ですから、この「1ずつたしていく」という単純な方法を獲得することで、我々は自然数のすべてを知っている、と考えてもよさそうに思えます。

しかし、それでもなお、このやり方で自然数の秘密がすべてわかるのか、というと、必ずしもそうではないのです。なぜなら、このやり方は、たしかに自然数の「たし算的な」構成法にはなっているのですが、そこには「かけ算的側面」がゴッソリ抜け落ちているからです。つまり、これによって自然数のたし算的な構造はしっかり構成されますが、これだけでは、そのかけ算的な構造が非常にわかりにくくなってしまっています。具体的には、例えば、素数がどのようなタイミングで現れるのか、といった問題です。「素数」という概念は、それが「約数・倍数」という概念を用いて定義されることからもわかるように、すぐれてかけ算的な概念です。「1を次々にたしていく」という「たし算

ジュゼッペ・ペアノ
(1858–1932)

的な」自然数の捉え方だけでは、素数というものを把握したり、素数が現れるパターンを記述したりすることは、なかなかできません。

素数が現れるタイミング

たし算的な側面だけから素数を把握することの難しさの一端を、先ほどは「1を次々にたして」いったときの、素因数分解の「気まぐれ」にすら思える変化を見ることで、観察しました。となれば、ペアノ的な自然数の捉え方にしたがって、1を次々にたしていったときに、素数が出現するタイミングを系統的に理解することなど、とてもできないように思えます。

本当にこれが、とても難しい、ということを納得してもらうために、いくつか具体的な例で説明しましょう。例えば、いまなにか素数があるとします。その素数に、次々に1をたしていくということを考えましょう。最初の素数に、まず一回1をたします。すると、ほとんどの場合、結果は素数ではありません。最初に考えた素数が2であった場合のみが例外で、その場合は1をたすと3になり、これも素数ですが、そうでない場合は、1をたすと（4以上の偶数になってしまいますから）素数ではありません。これは気まぐれなどではなく、「規則的」なことだと思ってもよいでしょう。

では、もう一回1をたす、つまりもともとの素数に2をたしたらどうなるでしょうか？　その結果が素数になっているか否か、というのは、さっきのようには規則的ではありません。それは素数になるかもしれないし、ならないかもしれない。どういう場合には素数になって、どういう場合には素数にならないのか、というのは、実はとても難しい問題です。

　ある素数に2をたして、また素数が得られるとき、その二つの素数は「双子素数」と呼ばれます。この双子素数がどのようなタイミングで現れるか、あるいはもっと基本的な問題として、そもそも双子素数というのはどのくらいたくさんあるのか、それは無限個あるのか、それとも有限個しかないのか、というのは有名な「双子素数の予想」です。この問題も、歴史上多くの数学者によって真剣に考えられてきましたが、現在でも未解決の難問です。

　このように、自然数をペアノの公理のように、まったく自然に「次々に1をたしていく」というやり方でのみ考えると、素数との関わりで、簡単に数学上の難問ができあがってしまいます。

　その他にも、例えばこんな問題が考えられます。2をたして素数になるかどうかがわからないのなら、さらに1をどんどんたしていって、初めて素数になるのはいつなのか、という問題です。つまり、ある素数から出発して、次の素数までの間隔はどうなっているのか、ということです。その間隔は、ある程度予想できるのでしょうか？　完全に正確な値がわからなくても、だいたいのところで、例えば確率的にわかるのでしょうか？

　素数についてある程度調べると、次のようなことが、感覚的に摑めます。つまり、素数が現れる頻度は、大きな数になればなるほど、稀になってくるということです。例えば、100までの素数は25個ありますが、同じ100の幅でも、1000から1100までの間では16個になり、10000から10100までには11個になり、100000から100100までには6個になります。実は数学の世界には「素数定理」という定理があって、それによれば、素数の現れる頻度は対数積分と呼ばれている関数で近似できることが知られています。そういう意味では、素数の現れる頻度、つまり「素数分布の問題」は、近似的には解かれているわけです。

ですが、さらに精密な評価が成り立つだろうと予想されていて、それはいわゆる「リーマン予想」として名高い予想問題の帰結です。19世紀の天才数学者リーマンによるこの予想が解かれれば、素数の分布について、かなり精密なことがわかります。しかし、この予想もまだ未解決ですし、現在までのところ、その解決の糸口すら摑めていません。

ベルンハルト・リーマン
(1826−1866)

これらの問題は、どれも「次々に1をたしていく」という、たし算的な自然数の理解だけでは、かけ算世界に属する自然数のいろいろな性質、特に素数にまつわる様々な構造が難問として残ってしまう、ということを如実に示しています。これほど、たし算的構造とかけ算的構造は、複雑な関係性にあるわけです。たし算とかけ算は、どちらも自然数の世界を形作る上で欠かせないものですし、それらの絡み合いの中で、我々が普段の生活にも用いている「数」というものが成立しているのです。しかし、その関係は、とても一筋縄では理解できるようなものではありません。その証拠に、たし算的な側面とかけ算的な側面が絡み合うことで、世界中の、そして歴史上の数学者が寄ってたかって挑戦しても、まったく歯が立たないような難問がいくつもできてしまうのです。そのくらい、たし算とかけ算の関係は難しく、まだ人間はその関係を全然理解できていないのです。

まだあります。素数に1を次々にたしていく、という考え方からは、とても難しい問題が生じました。では、ちょっと考え方を変えて、今度は素数を2個たしてみたらどうなるでしょうか。これもまた、たし算とかけ算が混じった問題です。素数という「かけ算世界」の対象を「たし算」してみよう、というわけです。2以外の素数は、すべて奇数ですから、それらを2つたすと、結果は偶数になります。では、逆にどんな（4以上の）偶数も、このように二つの素数のたし算になるでしょうか？　これが第2章でちょっとだけ紹介した、ゴールドバッハの問題です。そこでも述べたように、この問題もまだ、まったく未解決の問題です。

たし算とかけ算の絡み合い

いままで出てきた問題、双子素数の問題、素数分布の問題、そしてゴールドバッハの問題など、整数論上の有名な問題の数々は、どれも見かけは簡単そうなのに実は難しいというものばかりです。そして、それらはどれも「たし算とかけ算の絡み合い」から生じています。人類はこれらの問題をまだ解くことができません。ですから、実はまだ人類は、たし算とかけ算の間の本当の関係というものを、全然理解していないのではないか、ということにもなってくるわけです。たし算なんて、かけ算なんて、どっちも簡単なものだ、と思われるかもしれません。だからその関係だって、もちろん簡単だろう、少なくともこれだけ数学が進歩していれば、数学者はそれを完全に理解しているに違いない、というふうに思われるかもしれません。しかし、実はその間の関係というのは、まだ人類の中でだれも完全には理解していない、とっても難しい問題なのです。

そして、ABC予想の難しさというのは、まさにここに根差しています。先にも述べたように、ABC予想もまた、数のたし算的側面とかけ算的側面の間の微妙で、一筋縄ではいかない関係を摑もうとする予想なのでした。そうであるからこそ、ABC予想は、その簡単そうな見かけにもかかわらず、非常に難しいし、数学的にもとても深遠なのだ、ということになるわけです。

ですから、ABC予想を解くためには、多かれ少なかれ、数の「たし算とかけ算の関係」というコアの部分にメスを入れなければなりません。望月教授のIUT理論は、まさにそのような根本的な問題に、挑戦していこうとするものです。その挑戦は、どのようにしてなされるのでしょうか？　次章以降では、IUT理論の中身について、少しずつ概観していくのですが、それを通して、この理論がいかにして「たし算とかけ算の絡み合い」の問題にタッチしていくのかを見ていきたいと思います。

第5章 —— パズルのピース

IUT理論の新しさ

さて、この本では、これからだんだんに、IUT理論の解説に入っていくことにします。もちろん、IUT理論というのは非常に難しい理論で、現時点でも理解しているのは世界に何人とか噂されるようなものですから、解説と言っても、できるだけ数式などは使わない、概念的な、というか哲学的なものにならざるを得ません。その意味では、数学的には不正確になるわけですが、しかしそれでも、IUT理論という新しい数学の発想を通して、望月教授がなにを目指そうとしているのかは、十分に伝わるでしょうし、それが人類の数学という学問分野に、どのような影響を与え得るのかについても、かなりのことは伝えられるものと思います。

ここでIUT理論の解説に先立って、いままでにも何回か述べてきた注意を、もう一度確認しておきたいと思います。望月教授のIUT理論の、少なくとも当初の重要なモティベーションの一つには、ABC予想を解くという目標があったのは事実ですし、その意味では、IUT理論はABC予想の解決を強く意識して構想されたものである、と言うことは可能です。そして、読者の多くも、ABC予想という数学の難問に、どのようにアタックするのか、ということに興味があって、この本のページをめくっているものと思います。

実際、この本でのIUT理論の解説は、できるだけ一般の読者にもわかりやすい、概念的で思想的な形のものとなりますので、それに伴って、ABC予想への応用についても、概念的な説明がなされることになるでしょう。例えば、前章で述べたように、ABC予想にアタックする上でもっとも重要な鍵(かぎ)の一つは「たし算とかけ算の関係」というものでした。ですから、この本でのIUT理論の解説においては、この問題についても、それなりの方向性が示されることになります。そういうわけですから、この本でも、少なくとも間接的、あるいは思想的には、ABC予想に挑戦するために、望月教授がどのようなことを考えたのかについて、一つの道筋を示すことはできるでしょう。

しかし、ABC予想へのIUT理論の応用が、どのような過程を踏んで、どのような形でなされたのか、などといった技術的に込み入った話は、この本では扱いませんし、それほど重要視もしません。あまりそれは重要ではない、という立場で話をしていきたいと思っています。なぜなら、以前も述べたように、ABC予想よりむしろ、IUT理論という大理論の方が本来主人公であるべきであって、ABC予想はその応用であるに過ぎないからです。

ABC予想は、とにかく難しい予想です。それは「たし算とかけ算の絡み合い」という、およそ数の世界におけるもっとも基本的な層の問題に関わっています。ですから、それを解決するために構築されたIUT理論は、このような数学のもっとも根本的な層にメスを入れようとするのです。そういう意味では、ABC予想そのものより、IUT理論の方にこそ、すべての斬新さがあります。ですから、これからはIUT理論そのものに注目して、特にそれが提案する数学のコンテンツの新しさの方に主眼をおいていきたいと思うのです。

つまり、こういうことです。我々はIUT理論が提案する数学のアイデア、そして、そこからもたらされる数学の見方や、やり方の新しさの方に主眼をおきます。そして、IUT理論がどのくらい革命的な射程をもった理論なのかということ、それが数学の世界に革命を起こそうとしていること、要するに、それが目指すことがどのくらい「凄いこと」なのかということを、読者の皆さんにわかりやすく示すことが、この本のもっとも大事な使命なのだ、ということです。そして、そういったこととの比較で言えば、ABC予想への応用は、むしろ技術的な問題で、二次的な重要性しかない。だから、そういうことではなくて、その根幹に位置している、IUT理論そのものの凄さに注目したいわけです。そして、そのIUT理論についても、数学的に込み入ったことを削ぎ落とした後の、思想的な特徴について述べることによって、その革命的なアイデアが際立つようにしたいというのが、この本の目指すことなのです。

数学の舞台

まず最初に、この革命的な「新しさ」という観点から見たときの、IUT理論の大きな特徴として、それが「たし算とかけ算の絡み合い」に対して、従来の数学にはできないような、斬新なアプローチを提案している、ということをあげることができます。前章でも述べたように、「たし算とかけ算の関係」というのは、簡単なようで、極めて難しい問題です。人類はまだ、その関係を完全には理解していないからこそ、例えば、素数をめぐる一連の難しい予想問題が存在するのでした。そして、通常の数学の枠組みの中では、たし算とかけ算は、互いに分かち難く絡み合っていて、それを解きほぐすことは、とてもできそうにありません。その絡み合いは、「数」というものの性質の、その極めて根本的な層に根差したものなので、それを安易にいじることは、数学自体を破壊することにもなってしまいます。

そういうわけですから、ＩＵＴ理論は、普通の数学には決してできないことを可能にすることを目指しているわけで、そういうことを可能にするための、人類の数学全般に対する一種の提案なのだ、とも捉えることができます。いままでの数学はかくかくしかじかだった。しかしそれでは、ある種のことができなかった。だから、それをも可能にするために、そもそも数学というもののやり方自体に、新しい考え方を導入しよう。非常に大雑把に言えば、ＩＵＴ理論はそういうレベルの提案を、数学に対して行っているのです。

もう少し具体的に言えば、要するに、

たし算とかけ算を分離して、互いに独立のものとして、別々に扱う

ということを考えます。しかし、もちろんただ単に、それぞれ、たし算だけ、かけ算だけ、と単独で扱うだけだったらだれにでもできますし、そうすることでなにか新しいことが可能になるという感じはまったくしません。そこで、ＩＵＴ理論が提案する考え方というのは「複数の数学の

舞台で作業する」というものです。

従来の数学のように「一つの舞台」で数学をすると、たし算とかけ算を別々に扱うことはできません。ここで、たし算とかけ算を別々に扱うというのはどういうことかというと、これがなかなか簡単には説明しづらいのですが、差し当たっては、例えば「たし算とかけ算の一方をそのままにして、他方を少し変形する、あるいは伸び縮みさせる」という、ちょっと謎多き表現で、直観的に感じておいてください。これは、IUT理論の説明をだんだんにしていく中で、次第になんらかの形にまとまっていくと思います。ですが、こんな謎多き操作なんて、普通の数学ではちょっと不可能だろうということは、直観的にわかると思います。

従来の我々が（いくぶん無意識に）やってきたように、「一つの舞台」で数学をすると、たし算とかけ算を別々に扱うことはできません。今までにも何度か説明してきたように、たし算とかけ算は、一つの数学というパッケージの中では、互いに分かち難く結びついていて、しかも、とても複雑に絡まり合っています。ですから、それを安直に分離しようとすると、たちまち矛盾が起こってしまいます。そこで、そのような矛盾が起こるのを回避するために、一つの数学ではなく、「複数の数学」で考えます。望月教授自身の言葉遣いを用いれば、数学の「複数の舞台」、あるいは「複数の数学の宇宙」で作業する、という考え方をするのです。

ここで「舞台」という言葉の意味が問題になります。これは以前、第1章でちょっと説明しておいた「宇宙」という概念で言い換えてもいいものです。そこでも述べたように、「宇宙」とは我々が生き、それについて思考したり、科学したりする、あらゆるモノと場所と時間の一式です。

つまり、そこであらゆる活動や思考を行う舞台であり、その外のことは通常は考えることのできない限界なのであり、「すべての物事の一式」なのでした。ＩＵＴ理論が考える「舞台」というものも、これと同じで、それは我々が普段の数学の様々な計算や理論を証明したりする限界であり、その舞台であり、我々が数学をする上での「数学一式」とでも言えるものです。要するに、それは我々にとっての数学のすべてであると思ってよいものです。

我々にとって、数学とはいつでも一つの学問だったと思います。それは第2章で説明したような「内在的な多様性」をもち、多くの対象や分野や概念の集合体であり、それらが常日頃から入り乱れて横断的に展開される「異種格闘技戦」ではありますが、しかし、同時にそれは一つの「数学」という学問としての統一体であることも確かでした。そういう意味では、数学はいつでも「一つ」だったと思います。ですから、数学の研究をする場合も、その一つの数学という限界というか、宇宙の中で作業をしてきたわけですし、そのこと自体を特に意識することもなかったと思います。

しかし、ＩＵＴ理論はこの「数学一式」（あるいは、それをモデル化したもの）を複数考えて、それら「舞台」、あるいは「宇宙」の間の関係について論じるという、いままでの数学の歴史にはなかった、まったく新しいやり方を提案します。複数の数学舞台を想定することで、たし算とかけ算を別々に扱っても矛盾が起こらないような状況を実現しようとするわけで、そういう意味では、かなりアクロバティックなことをするわけです。

複数の数学の「舞台」。この考え方は、とても新しいと思います。だれも聞いたことがないでしょう。これはときおり「違った宇宙」とか、「違った世界」という、ちょっとそのままでは意味不明な言葉遣いで言われることになりますが、その正確な数学的コンテンツは、なかなか説明が難しいと感じます。この本でこれからやっていくIUT理論の解説の中で、この点についても、少しずつ詳しく説明していくことにしましょう。

ジグソーパズル

このように、IUT理論は「複数の舞台」の上で数学をするという、従来の数学の基本的な考え方とは、まったく異なる考え方をします。右でも述べたように、一つの統一体としての「数学」という学問分野があることは疑い得ません。しかし、そのような「数学一式」を、複数考えるということなのです。それは、一体どういうことなのでしょうか？　こういうことを考え始めると、やはり我々は、そもそも数学ってなんだったのだろうか、という根本的なところから議論を始めなければならないことに気付きます。ですから、我々はまず、そもそも数学とはなんなのかという問題に、立ち返る必要があるでしょう。

数学という学問の本質について、我々はある程度のことは第2章で見てきました。ですが、我々はこれについて、もっと考察を深めなければなりません。そして、その後に、IUT理論が従来の数学とはどのように違うのか、ということを問題にしましょう。

そこで私は、エドワード・フレンケルの喩（たと）え話を、ここで取り上げたいと思います。エドワード・フレンケルは、その一般の読者向けの数学の著書で有名ですが、最近では、カリフォルニア大学バークレイ校で行った授業の様子が、日本のNHKで「数学ミステリー白熱教室」として放映され、大きな人気を博しました。番組をご覧になった読者も多いことでしょう。あの授業の中でフレンケルは、数学とはなにかということについて、非常にうまい喩え話をしています。

彼によると、数学には二種類ある。学校で教わる数学と、研究における数学の二種類が。学校で教わる数学は、喩えて言うなら「完成図のあるジグソーパズル」だが、研究における数学は「完成図のないジグソーパズル」のようなものだ。フレンケルはその授業の中で、このように語っていました。

学校で教わる数学

どういうことなのか、ちょっと思い出してみましょう。ここにジグソーパズルがあるとします（図5－1）。通常、ジグソーパズルというのは、それが入っている箱に、その完成図が示されています。学校で教わる数学というのは、完成図のあるジグソーパズルのようなものです。完成図のあるジグソーパズルにおいては、パズルの一個一個のピースに、ちゃんと絵が描いてあります。そして、パズルを組み立てる人は、パズルの箱に描いてある絵を見れば、そのパズルの完成形がどのようになるのかわかります。ですから、パズルを組み立てるときには、頭の中でその絵を思い浮かべながら、パズルを組み立てていくことができます。このピースはこういう色をしているから、おそらくこちら側のどこかにくるだろう、そしてこのピースはこの色だから、これに対してもっと上の方にあるだろう、というような具合です。つまり、ピースに描いてある絵の一部に

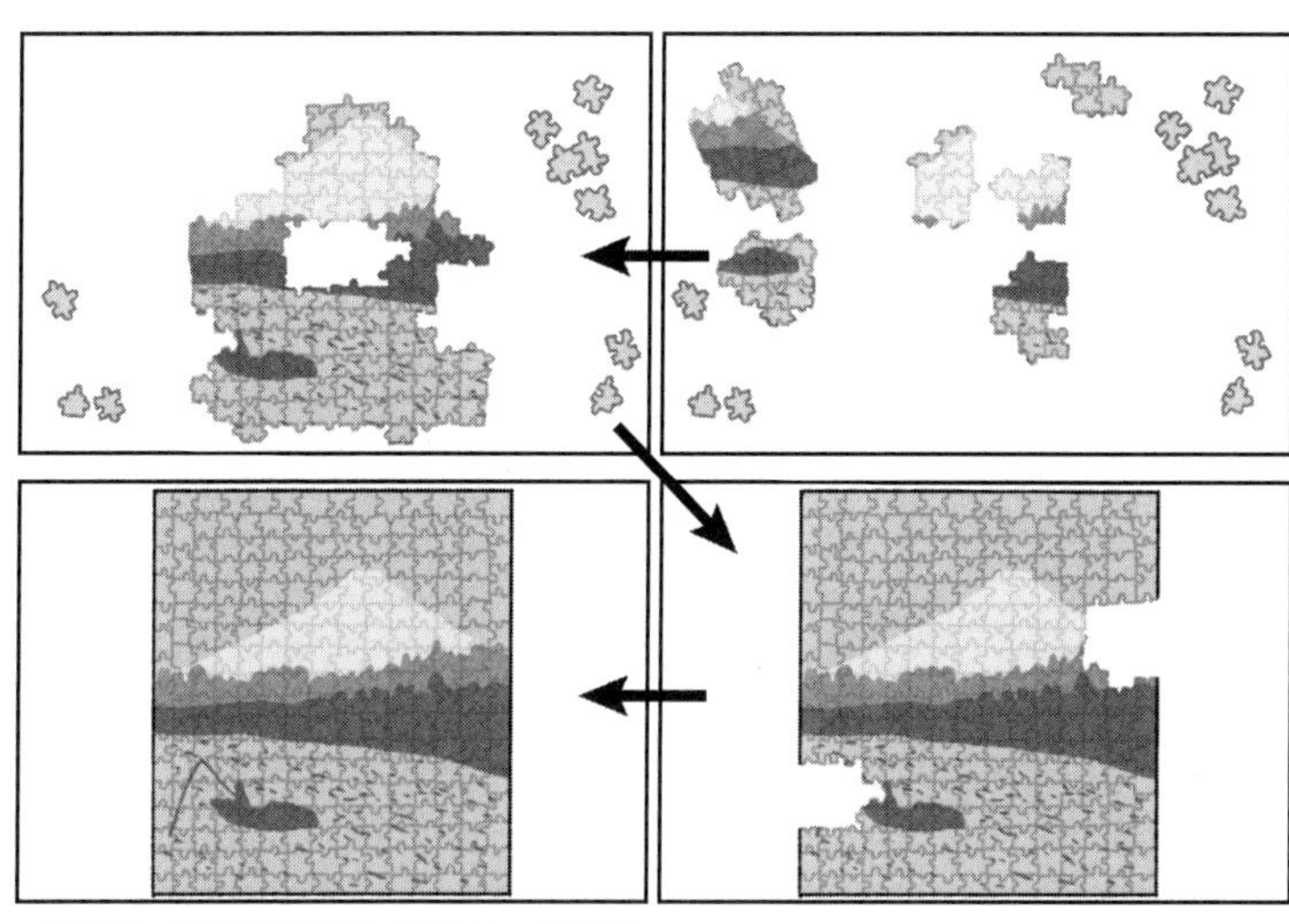

図5-1　完成図のあるジグソーパズル

よって、相対的な位置関係がだいたいわかるわけです。

これは第3章で用いた表現を使えば、完成に向けて一歩一歩進む上で、GPSによるナビゲーションがついているようなものです。なにしろ、ピースの一個一個を手にとってみたとき、そこに描いてある絵の一部や、色の具合などから、そのピースが大まかにどこにあるべきかわかるからです。ピースに描いてある絵を全然考慮に入れないで、ただピースの形だけを見て、その一個一個にどのピースがくっつくのかを機械的に、しらみつぶしに調べようとしたら、パズルを完成させるまでに、大変な時間がかかってしまうことでしょう。

ジグソーパズルを組み立てるのが早い人は、パズルの完成図という、全体像的なイメージを常にもっていて、その鳥瞰(ちょうかん)的な情報に基づいて、各ピースの大まかな位置を判断します。そうすることで、効率よくパズルを組み立てることができるのですが、それが可能なのも、単に個々のバラバラなピースという状態以上の、鳥瞰的なというか、天下り的な情報が、パズルを組み立てている人を、完成に向けて正しい方向にナビゲーションしてくれるからです。

もちろん、私はそのようなパズルが、簡単だと決めつけているわけではありません。そのようなパズルでも、組み立てるのに、よほど骨が折れるものもあり得ます。しかし、その難易度にいろいろの程度の違いがあり得るにしても、このようなパズルにおいては、完成形がはっきりしているので、完成に向かってやるべきことはある程度決まっていると言えるでしょう。ですから、その方法論や仕組みを理解してしまえば、あとに残るのは、その方法論の枠内でどのくらい効率よく、早くパズルを仕上げられるかということ、つまり、スキルの問題になります。

これはもちろん、学校で教わる数学というのは、基本的に答えが決まっている、あるいは解き方がある程度決まっている、ということの喩えです。つまり、学校で教わる数学においては、問題が与えられたときに、それに対してどういうふうに解けばいいかということが、ある程度わかっているわけです。基本的にはそれらの「やり方」を理解し、それを駆使して、いろいろな難易度の問題を解くことになるわけで、そういうことがこの比喩(ひゆ)の念頭にあるわけです。

研究における数学

しかし、フレンケルの言う「研究における数学」というのは、そうではありません。それは、

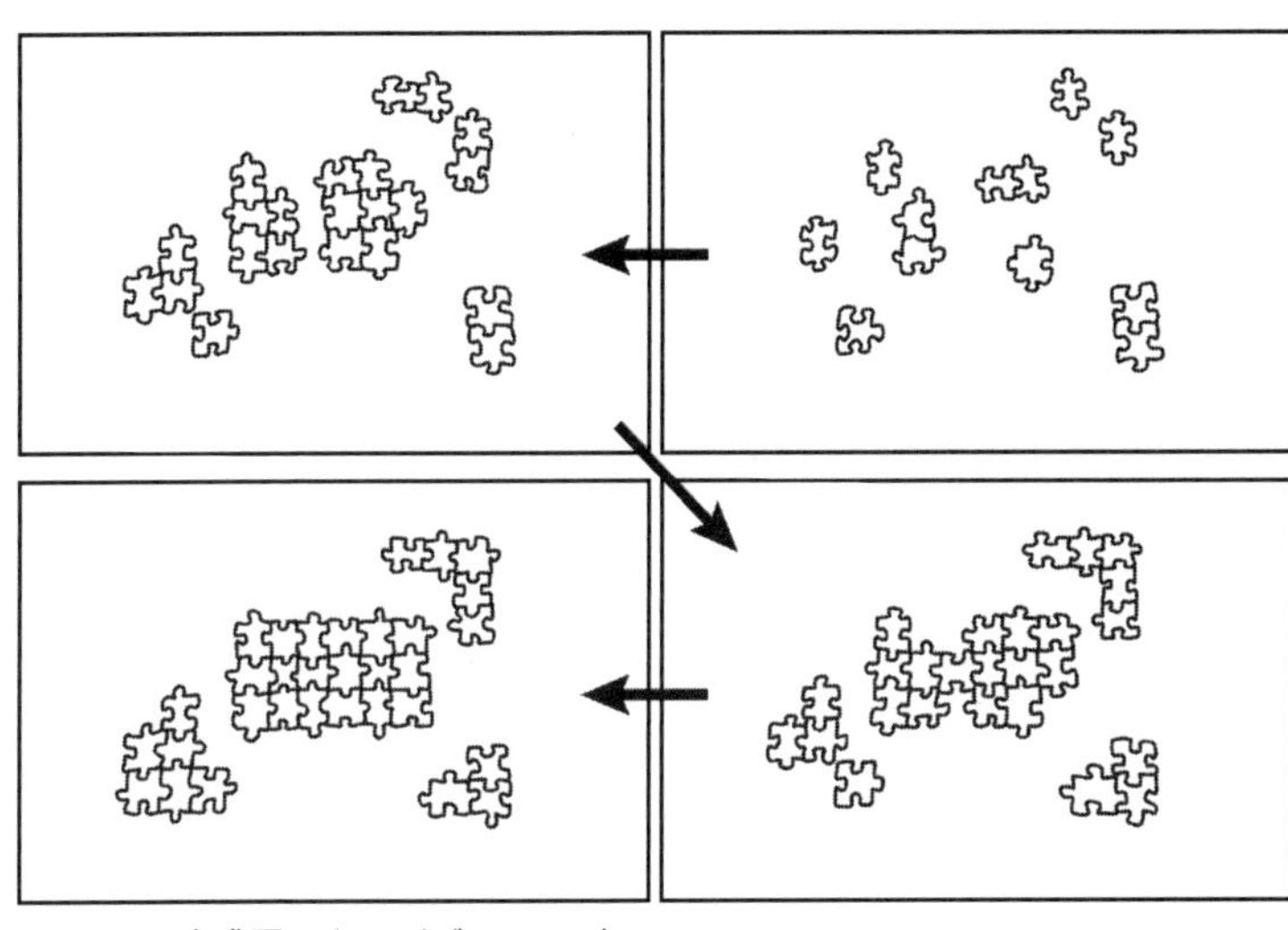

図5-2　完成図のないジグソーパズル

喩えるならば「完成図のないジグソーパズル」のようなものだ、ということです。そこでは、ジグソーパズルのピースを組み立てる、ということ自体は同じなのですが、そのピースにはなにも絵が描いていないかもしれない、あるいは、なにか描いてあっても、その完成図というか、その全体像についてはなにもわからないという、そういうパズルなのです（図5－2）。

そういうジグソーパズルを組み立てる羽目になったら、我々はどうするでしょうか？想像してみてください。なにしろ我々は、そのパズルのピースの一個一個を手にとってみても、それが相対的にどこに位置するべきなのか、それは全体の中でどのような役割を担っているピースなのかといったことを、少なくとも最初は、なにもわかっていません。ですから、そのパズルを組み立てようにも、どのようにして組み立てていったらいいのか、皆目見当がつきません。やり方が最初から与えられているわけではないのです。

そういうときは、どうするでしょうか？　やはり、最初はとりあえず、手当たり次第、機械的にピースとピースを試してみて、ピタリとはまるピースのペアを数多く見つけることから始めるしかありません。これはとても効率の悪い方法ですし、とても長い時間をかけてじっくり取り組まなければなりません。最初はまったく進展がないかもしれません。でも、粘り強く続けるうちに、ピッタリはまるピースのペアがいくつか得られるようになるでしょう。あれとこれははまらないけど、これとこれははまったぞ！　というような小さな発見を、時間をかけて数多く見つけるわけです。そういう地味な試行錯誤を何度も何度も繰り返していくうちに、次第にピタリとはまるピースの数が増えてきます。そして、それがだんだん進んでいくと、いくつかのピースがはまりあった「島」ができあがってきます。それら一個一個の「島」こそ、研究における数学では「研究分野」とか「研究領域」と呼ばれるものに喩えられるものです。

これらの研究領域や研究分野というのは、少なくともしばらくは、あまりお互いに関係がないような形で進んでいきます。つまり、パズルの「島」は、いくつか同時に作られながらも、当初はお互いあまり関係ないもののようにみえます。しかし、あるとき、二つの島をつなぐピースが見つかります。つまり、二つの一見関係のない研究分野を橋渡しするピースというものが見つかるわけです。そして、それまで別々だった島が、一つの大きな島になる。それが数学の研究において、ときおり見られること、つまり複数の研究分野をつなぐブレイクスルーが見つかるということです。こうして研究における数学は、次第に大きく、そして次第に統一の度合いを高めていきながら、一歩一歩進歩していくというわけです。

以上が「学校で教わる数学」と「研究における数学」の違いを、ジグソーパズルを用いて説明した、フレンケルの喩えです。もちろん、第3章で述べたように、研究において新しい数学をする上でも、なんらかの直観的な指導原理があることもあり、それは例えば、「自然性」とか「アナロジー」というものでした。そういう意味では、研究における数学に喩えるべきジグソーパズルも、完全に真っ白というわけではないかもしれません。しかし、そうとは言っても、完成図のあるジグソーパズルのように、「決まったやり方」がどこかにあるわけではない、というところが重要です。つまり、「研究における数学」で我々が頼る指導原理は、あくまでも直観的な、「カン」のようなものであり、手順的なものではないということです。そこが、「学校で教わる数学」とは本質的に異なっています。そういう意味で、フレンケルの喩えは、非常に巧(うま)い喩えなのだと思います。

IUTパズル

さて、IUT理論の話に戻りましょう。前節では従来的な数学について、エドワード・フレンケルによるジグソーパズルを用いた比喩を述べました。ここで、ちょっと趣向を凝らして、このような喩えでいくと、IUT理論とはどのように喩えられるのか、ということを考えてみたいと思います。

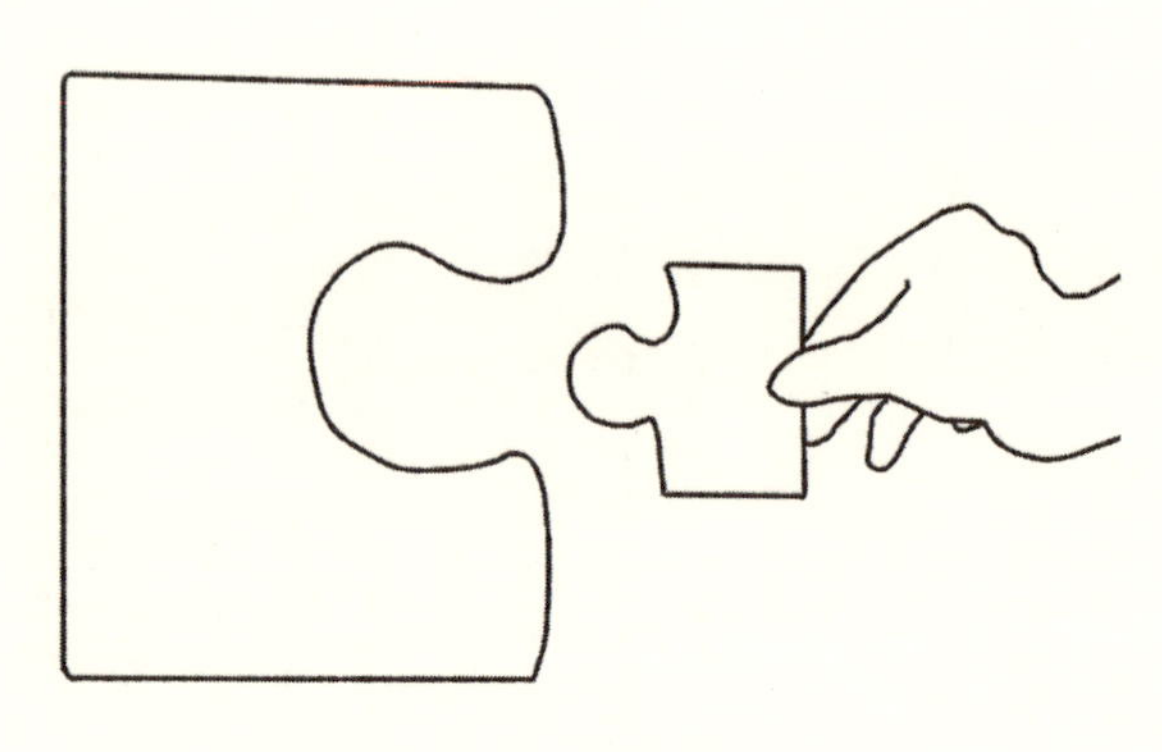

図5-3　IUT的なジグソーパズル

いままでにも何度か述べてきたように、ＩＵＴ理論というのは、それまでの数学とは根本的に異なる、非常に斬新な数学の考え方を提案する理論です。ですから、それはこれまでにフレンケルの比喩で述べた「学校で教わる数学」とも、あるいは従来の意味での「研究における数学」とも異なっています。その違いを、フレンケルがやったような、ジグソーパズルの喩えで表現してみよう、というわけです。

フレンケルの喩えでは、第一のパズルは「完成図のあるジグソーパズル」で、第二のパズルは「完成図のないジグソーパズル」でした。そこで、ＩＵＴ理論の喩えとして、第三のパズルというものを考えようというわけなのです。

ジグソーパズルの喩えで言うと、ＩＵＴ的な数学というのは、図５－３のような感じです。どうでしょう？「え？これはなに？」という感じの反応が、すぐにでも返ってきそうです。ちょっとした「だまし絵」のようにも見えます。このままでは、ちょっと意味がわからないですね。でもまあ、こんな感じなのです。

図５－３のように、大きさの違うパズルのピースをはめ

る、というようなことを、ＩＵＴ理論は考えます。もちろん、これがＩＵＴ理論の秘密のすべてであるとまでは言いません。しかし、こんな一見非常識に見えることが、少なくともＩＵＴ理論におけるアイデアの一部であり、しかも、非常に重要な一部なのです。ＩＵＴ理論が提案する斬新な発想へ入門するための、これが入り口だと言ってもいいでしょう。

ＩＵＴ的な数学とは、普通の数学ではぴったりはめることができない大きさの違うピースを、互いにはめるようなことをします。もちろん、大きさの違うパズルのピースなんて、普通にははまるはずがありません。ですから、これらを真剣に「はめる」というようなことを考えるのであれば、ちょっと普通ではない状況を設定する必要があります。そして、それが先に述べた「異なる宇宙（舞台）を想定する」ことに他なりません。つまり、これらの大きさの異なるピースは、それぞれ属している舞台が違うのだ、というように解釈します。舞台というか、それが属している宇宙が異なるのですから、それらはそもそも比べようがないとも言えます。そういう状況の二つのピースを（第３章で述べた「契約結婚」の喩えにもあるように）「形式的に」はめるということを考えるわけです。

実際、すぐ後で、これら見かけの大きさが異なっているピースを、ＩＵＴ理論的に、本当に「はめる」方法をご覧に入れますので、楽しみにしていてください。しかし、そこでも見るように、「はめる」と言っても、それはある程度は形式的な問題です。ですから、異なる舞台間を関係付ける、一種の「関連付け」の不完全さというか、そういう問題が出てきます。それによって生じるひずみというか、不定性というものを定量化する。こういうところに、ＩＵＴ理論の基本的で、根本的な考え方の特徴があります。それについても、これから順々に説明していこうと思います。

たし算とかけ算による正則構造

ここで、今までにも折にふれて何度か議論してきたことですが、数学の「舞台」とか「宇宙」とかいうものは一体なにか、ということについて、もう一度考えてみる必要があります。先にも述べたように、「舞台」とは、言ってみれば通常の数学一式でした。それは、我々がそこで数学を行う数学の環境一式なのです。その一個一個の「舞台」の中では、我々はたし算とかけ算の両方を、普通に、同時に行うことができます。この「両方同時にできる」という点が、ここでは極めて大事です。一つの数学「舞台」は、たし算とかけ算という二つのことを、両方同時に行える環境であるという意味で、一つの「正則構造」を有しています。

第3章でタイヒミュラー理論の説明をしたときのことを思い出してください。そこでは「複素構造」という「正則構造」が問題になりました。「正則構造」とは、望月教授の用語では、「二つの次元が一蓮托生(いちれんたくしょう)に絡まり合っているさま」のことでした。ここで、数学の「舞台」に対して「正則構造」という言葉を用いるとき、我々は問題となる「二つの次元」として「たし算とかけ算」を考えているわけです。

前章でも述べたように、自然数という世界においては、たし算とかけ算という二つの《次元》が、分かち難く、複雑に絡み合っています。そして、それらが複雑に絡み合っているということが、ABC予想や双子素数問題やゴールドバッハの問題といった、整数論の多くの問題を困難なものにしている、もっとも重要な理由なのでした。この「たし算とかけ算」という「一蓮托生に結びついてしまっている」構造を、ここでは「正則構造」として、タイヒミュラー理論との類似(アナロジー)で捉えます。そして、数学一式としての「舞台」とは、この「正則構造」を備えた数学環境ということになるわけです。通常の数学、すなわち、IUT理論以前の従来の数学は、一つの数学舞台の上で行われる数学でした。それは、つまり一つの正則構造を固定して、それを保ちながら実行される数学です。

第3章では、この正則構造を上手に破壊して、いくつもの異なる正則構造に変形する理論として、タイヒミュラー理論を(ごく簡単にですが)紹介しました。我々がやりたいと思っていることと、すなわち「たし算とかけ算」を分離し、上手に破壊し変形する、ということは、まさにこれら二つの次元の絡まり合いを正則構造だと思って、タイヒミュラー理論の類似となる変形を施すことです。IUT理論の名称が「宇宙際タイヒミュラー理論」というものになっている理由は、ここにあります。それはタイヒミュラー理論のように正則構造を破壊することをします。そしてそれは、とりもなおさず、「たし算とかけ算」を分離することです。

そのようなことを可能とするためには、一つの正則構造だけでなく、多くの正則構造を対等に扱わなければなりません。そして、複数の正則構造、つまり「たし算とかけ算が一蓮托生に絡まり合っている」構造を考えるためには、複数の数学の「舞台」が必要となります。複数の宇宙を考えて、それらの宇宙の間を航行したり、それらの関係を考えたりするわけです。ですから、「宇宙際」の名前がつくわけですし、理論の名前は「宇宙際タイヒミュラー理論」となるわけです。

通常の数学のように、単一の舞台で作業していると、「たし算とかけ算」を分離することはできません。つまり、一つの数学には一つの正則構造しかないのです。ですから、複数の正則構造を考えるためには、必然的に、複数の数学を考えること、つまり、複数の数学の舞台を設定せざるを得ないのです。

新しい柔軟性

古典的なタイヒミュラー理論の場合もそうでしたが、一つの正則構造を考えるのではなく、複数の正則構造を考えるということ、すなわち、正則構造の「破壊」や「変形」について論じることは、それまでになかった柔軟性を、理論に与えることにつながります。IUT理論は、複数の数学の舞台を設定するという、従来の数学にはなかった「新しい柔軟性」を取り入れることで、いままでにはできなかったことを可能にしようとします。具体的には、たし算とかけ算を分離して、独立に扱うということを可能にするわけです。

複数の舞台を考えることによって得られる「新しい柔軟性」とは、どういうものでしょうか？これについて、現実社会での比喩を用いて、わかりやすく説明してみたいと思います。

例えば、複数の舞台を考えることによって、物や人が「同じである」ということに、思いがけない柔軟性が生まれる、ということがあります。最初に、このことについて説明しましょう。まず手始めに、例としてふさわしいかどうかわかりませんが、ＳＦによく出てくるような、多世界宇宙というか、パラレルワールドのような状況を考えましょう。つまり、この宇宙の外側に、この宇宙とそっくりそのままのコピー宇宙があって、その宇宙と、我々がいるこの宇宙においては、すべてが平行に進んでいる、というようなことです。

その「別の宇宙」は、なにしろ我々の住んでいる「この宇宙」のコピーなのですから、そこには読者であるあなた（のコピー）が住んでいます。それどころか、その「別のあなた」をとりまいている世界や環境も、この宇宙のあなたをとりまいている世界や環境と、まるでそっくりです。だとすると、その別の宇宙にいる「別のあなた」は、その宇宙における「あなた」です。つまり、そこにいるのはあなたにとって別人でもあり、同一人物でもあります。《同じ》人でもあり《違う》人でもあるという、いささかパラドクシカルな状況が、ここにはあります。

こんな、あり得そうもないSFを考えなくても、もっと我々の身の周りで起こりそうな例で説明することもできます。そして、この例においては、パラレルワールドのような、完全なコピーが並列している状態ではなく、規模や意味付けなどが全然異なっている舞台の間であっても、《同じ》で《違う》人がいるという現象が起こります。

図5－4を見てください。そこには2枚のイラストがありますが、それらの中に描かれている女優さんは、実は《同じ》人です。ただし、それらにおいては、その女優さんが属している「舞台」が異なっています。左の図では、女優さんは映画の役を演じていますが、属している舞台は現実の世界です。ですから、現実の世界で、カメラさんや音声さんにとりまかれながら、映画のシーンを撮影している女優さんの姿が描かれています。それに対して、右側の図では、同じ女優さんが、映画の中という「舞台」の上で、映画の役を演じています。もちろん、それを演じてい

図5-4　映画の役を演じている現実世界の女優（左）と映画の中の女優（右）

るときの現実世界では、女優さんはカメラさんや音声さんに囲まれていたことでしょう。しかし、映画の中という世界においては、この女優さんは、もはや女優さんではなく、映画のストーリーという「舞台」の中にいるだれかということになります。

もちろん、それでも、我々はこれら異なる世界にいるだれかが《同じ》人だ、と考えるわけですが、そう考えるときと、映画の中の世界に没頭しているときとでは、我々が見ている「舞台」は、まったく異なっていることに注意してください。現実の世界に身をおいて考えれば、この二人の女性は同じ人ですが、映画の世界の中に没頭してしまっているときの我々にとっての彼女は、現実世界ではない、その「舞台」の中に生きている人なのです。そういう意味では、この二人の女性は《同じ》人であり、しかも《違う》人です。同じでもあり、同時に違っているというのは、一つの舞台の上で起こってしまったら、もちろん矛盾以外のなにものでもありません。しかし、このように異なる舞台の上で、物事を考えることができるなら、それはもはや矛盾ではありません。

これらの例から観察されることは、つまり、複数の「舞台」

を設定することで、《同じ》ということに、ちょっとした柔軟性が生まれるということです。そして、その柔軟性のおかげで、《同じ》人であり、しかも《違う》人でもあるという、一見矛盾したようなことが、問題なく両立します。

同じ女優さんという人であっても、図5－4の左と右とでは、舞台が異なっている。つまり、属している「宇宙」が異なっています。左側の女優さんは、女優さんという人の普段の生活や、その人の一生という現実世界一式と連続した宇宙に属しています。それに対して、右の女優さんは、映画の中のストーリーや、その世界の状況設定という一式の宇宙に属している、というわけです。

入れ子宇宙

さらに言えば、図5－4における二つの異なる宇宙は、実は一方が他方の中に「入れ子」になっていることに注意してください。実際、左の女優さんが属しているのは、その人の人生一式という舞台であり、その中に、彼女が演じる映画の世界が入れ子になっています。つまり、現実世界という大きな宇宙の中に、映画の中の世界という小さな宇宙がすっぽり入っている、という構造になっているのです。

ここでちょっと考えてほしいのですが、そういう入れ子になって入っている小さい世界、つまり比較的小さい世界と、大きな世界との間の関係は、どうなっているでしょうか。例えば、それらの間で、モノや情報を共有したりして、お互いに影響を与えたりすることができるでしょうか？

ちょっと考えてみると、実は、そういった状況の中で、これらの宇宙が共有できることというのは、意外と少ないことに気づきます。たとえば、我々は映画の中の人と話をすることはできません。映画の中の人、それがたとえ自分であったとしても、その人と握手することはできないのです。また、映画の中の自分と、現実の自分は連続していないので、現実の自分が、物語の中の自分の生活を生きたりすることはできません。同じように、現実世界の人が、映画の中の世界の人に、なにかモノをあげたり、なにかを教えてあげたりすることもできません。ミステリー物やスリラー系の映画なんかを観ていると、観ているこっちがハラハラしてしまって、登場人物に危険が迫っていることを、なんとかして教えてあげたい、などと思ったりするものですが、そういうことはできないのです。

というわけで、入れ子宇宙の間で共有できることというのは、実は意外と少ない。それは、それぞれの世界にはそれぞれに秩序というか、壊すことのできない構造があって、異世界の人とコンタクトをとることが、多くの場合には、これらの秩序に反してしまうからです。数学の舞台の話に戻れば、異なる宇宙で共有できることが少ないというのは、それぞれの「正則構造」が共有されないこと、つまり、それらが両立していないことに対応しています。

「入れ子宇宙」の例として、右では現実世界の中に映画の中の世界が入れ子になっている、という状況を考えました。これら二つの宇宙は、本来対等なものと考えられるべきですから、そういう意味では、この例はあまり適切ではないかもしれません。一方が「現実」で、他方が「架空」

図5-5　入れ子になった「舞台」

といった、意味の違いがあるようなものではなく、むしろ、どちらも同等の舞台が、入れ子になっているという状況を考えたいのです。後々の説明で、我々は複数の数学の舞台が入れ子になっている状況というのを考える必要がありますが、それに類似している状況は、映画の中で、また別の映画が上演されている、というようなものかもしれません。よく、テレビのドラマなどでも、ドラマの中にまたテレビがあって、ドラマの中の人たちが、そのテレビを視ている、という状況があると思います。これは、二つの「対等な」宇宙が入れ子になっている様子の、格好のモデルとなります。

図5－5を見てください。ここでは、画像の中にまた画像が入っていて、その中にまた画像が入っているという状況が示されています。この画像の中の世界というのは、外の世界を写していますが、外の世界とは違った舞台です。その中に写っているものは、外のものと《同じ》であり《違う》というわけ

ですね。そしてその中には、またその世界を写した違った舞台が入っています。そしてその中にまた、というように、世界が入れ子になってどんどん入っているという、そういう状況になっています。私が「入れ子宇宙」とか、「入れ子になった舞台」という言葉で表現したいことは、だいたいこんな感じの状況です。

ここでも、異なる舞台の間で共有できるものが少ないことは、先の状況と同じです。画面の外の人が、画面の中の人と握手することはできません。そして、画面の中の人が、その中の画面の中にいる人と握手することもできないわけです。共有できるものが少ないからこそ、《同じ》であり《違う》というパラドックスが、整合的に現出可能なのだ、という見方もできるでしょう。これらは、現実的に再現できそうな、簡単な実験例ですが、これで私が「入れ子宇宙」と呼びたいものの、一種のわかりやすいモデルができたわけです。

異なる舞台のピースをはめる

さて、ここで以前、図5－3に示した「ＩＵＴ的なジグソーパズル」に戻りましょう。そこでは、大きさの異なる二つのジグソーパズルのピースがあって、その大きさの異なるピースを「はめよう」としている様子が示されていました。そして、これらを「はめる」ためには、複数の「舞台」を設定して、それぞれのピースが住んでいる舞台が異なっていると考えなければならない、という意味のことを述べたと思います。実際、これらは単一の舞台の中では、はまるはずがありません。それらをはめようとするなら、異なる舞台を設定することによる、新しい柔軟性が必要

図5-6　異なる舞台のピースを「はめる」

になります。

　実際、いま考えたような、画像の中にまた画像が入っているという「入れ子宇宙」のモデルを使うと、これらのピースを「はめる」ことができます。図5－6を見てください。大きなピースの向こう側に、入れ子になった宇宙があって、そこにその《同じ》（でありながら小さい（！））ピースがあります。これと右側の小さいピースは、大きさ的にぴったり「はまって」います。

　単一の画像というか、単一の宇宙の中では、これらをはめ込むことはできません。それはその世界の秩序を決めている、様々な構造（「正則構造」の喩え）、例えば「大きさ」という秩序と矛盾してしまうからです。しかし、複数の宇宙を用意して、その中で《同じ》ものを考えれば、複数の世界にまたがっているわけですから、どちらの世界の秩序とも矛盾しない形で、これらをはめ込むことが、少なくとも形式的にはできてしまいます。

もちろん、先にも何度か述べたように、異なる舞台の間で共有できるものは非常に少なく、それぞれの舞台に属するモノや人が、直接に関連したり握手したりすることはできません。ですから、ここで異なる舞台に属するピースを「はめる」と言っても、それは形式的です。しかし、形式的とは言っても、デタラメにやっているわけではありません。なにしろ、立派に《同じ》ピースをはめているのです！　同様に、IUT理論における異なる舞台間の関係付けは、単に形式的という以上の、数学的な意味をもっています。次の節では、このあたりのことを手短に述べましょう。

テータリンク

前節までで、大きさの違うピースを「はめる」というIUT的ジグソーパズルの意味が、ちょっとわかってもらえたかと思います。違う舞台を設定して、少なくとも形式的に映像化してはめるというようなこと。違う宇宙の中に《同じ》ものを考えて、それをはめ込むということ。そんな感じの、直観的なイメージをもっていただければ、それでいいと思います。

IUT理論の中で、このイメージによって説明されるのは、いわゆる「テータリンク（theta link）」というものです。この言葉は、すでに第3章に出てきました。そこでは、この概念が、望月教授一流のアナロジー的比喩によって「契約結婚」に喩えられていたのを思い出しましょう。IUT的ジグソーパズルにおける「形式的」という側面が、ここにも少し垣間（かいま）見えます。

IUT理論におけるテータリンクでは、異なる数学の舞台（数学一式）における「かけ算」というピースを、先にやったような感じで、形式的に関係付けます。つまり、ここで考えているパズルのピースは「かけ算」なのです。従来の数学では単一の数学の舞台でしか作業していませんでしたから、かけ算というパズルのピースをはめ込んで、いろいろな計算や理論を組み立てるということは、普通の意味でのジグソーパズルを組み立てることに対応しています。そこには、フレンケルが言うように、完成図のあるジグソーパズル（学校で教わる数学）もあれば、完成図のないジグソーパズル（研究における数学）もあるでしょう。しかし、それらはどれも、一つの数学的舞台の上で行われることです。ですから、そのピースは普通の意味で矛盾なくはまりますし、そのようにして、数学の理論というパズルは、問題の難易度に応じていろいろな紆余曲折を経つつも、次第に組み上がっていきます。

しかし、ＩＵＴ理論においては、前にも述べたように、数の世界のたし算を固定しておいて、かけ算だけをタイヒミュラー的に伸び縮みさせるということを考える必要があります。こうすることで、たし算とかけ算を別々に扱うという、ＩＵＴ理論ならではのアクロバットが可能になるのですが、そのためには、単一の数学の舞台で作業してはいけないのでした。それは、数学の世界における「たし算とかけ算の関係」という秩序、すなわち「正則構造」と呼んでいたものに抵触するからです。ですから、複数の舞台を設定して、それぞれの舞台の中でかけ算を考えなければなりません。そして、一方のかけ算というピースは、他方に比べて伸び縮みさせて、大きさが異なっているという状況を設定するわけです。そうしておいて、これらを、すでにやったようなイメージで「契約結婚」的にリンク付けるということになります。

以上のことが、IUT理論の一つの中心的アイデアの、比喩による説明ということになります。IUT理論では、この「形式的な」リンクを用いて、異なる宇宙に由来する二つの量の間の《等式》を考えます。それは、次のようなものです。

$$\deg \Theta \text{“}=\text{”} \deg q$$

この引用符で括った《等式》に現れる記号の意味については、あまり気にしないでください。それらは技術的なものですが、この本が目指す今後の説明のためには、その詳細を理解する必要はありません。ただ、ここで左辺のΘ（ギリシャ文字の「テータ（theta）」）というものと、右辺のqというものが、それぞれ違う舞台に属している《同じ》ものに由来しているということは述べておきます。それらは、それぞれこれらの舞台の「かけ算」の構造に由来するものです。そして、それらはある意味で、「サイズ」の異なった《同じ》ものです。これらの間の等式を形式的に考えることで、かけ算が「伸び縮み」している状況を表現するということになります（図5－7参照）。

しかし、ちょっと技術的な話になりますが、なにしろ異なる数学の舞台の間で形式的に関連付

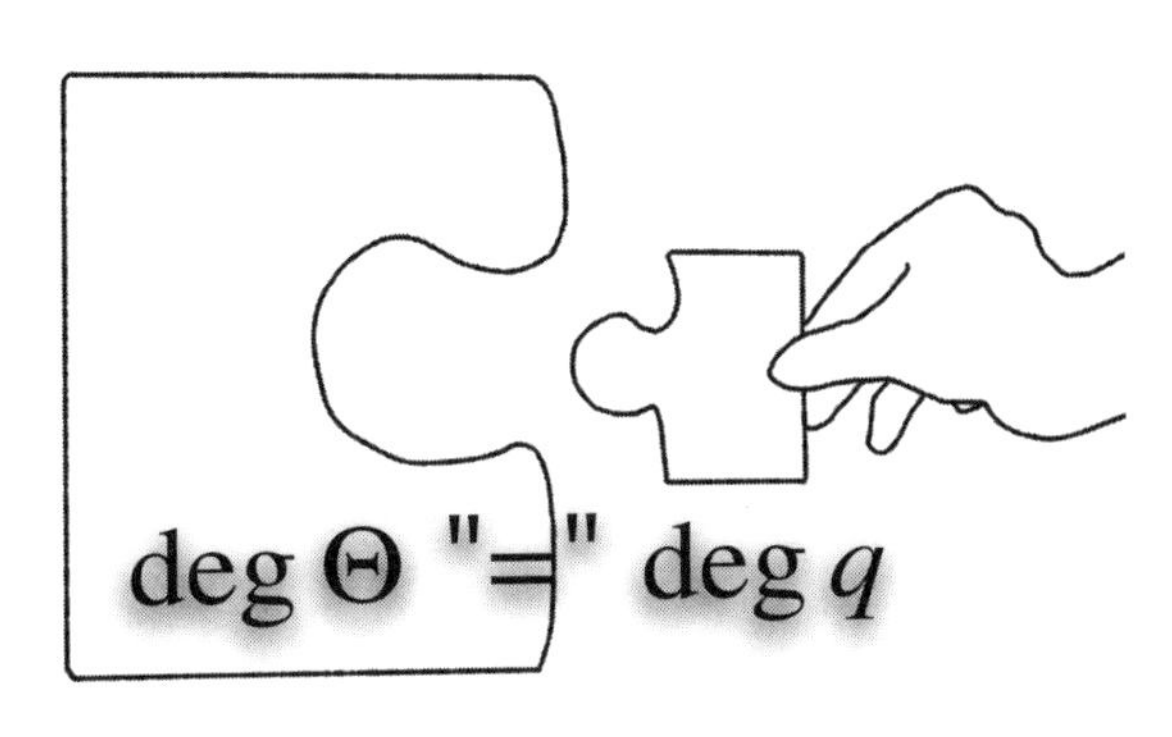

図5-7　異なるサイズの「かけ算」というピースをはめる

けるという、かなりアクロバティックなことをやるわけですから、実は安直に「等式」で結ぶわけにはいかない、ということを最後に述べておかなければなりません。先ほども少し述べましたが、ここでは本来違うパズルのピース、または同じ大きさではないピースを、形式的に、あるいは「同語反復的」にという感じでもありますが、関係付けるということをしています。しかもそれは左と右とでは異なった舞台に属しています。ですから、これを安直に等しい、または一つの舞台に戻してしまうようなことをすると、その等号にはたちまち矛盾が起こります。ですから、安直な等式化はできません。

非常識な操作から、通常の常識的な数学に戻す（という言い方には語弊がありますが）ということをしようとすると、なんらかの不整合というか「ひずみ」とでも言える状況が起こります。ＩＵＴ理論の重要なポイントは、このひずみ、すなわち異なる舞台間の通信をすることによって起こるひずみというものについて、その大きさを計測することができる、というところにあります。

実はこれが、ＩＵＴ理論の非常に重要な主張の一つなのです。異なる舞台の間の通信によって起こる、ひずみの大きさを計測すること。この「ひずみ」の計測によって、先ほどの引用符付きの「等号」は、次のような不等式の形で実現されます。

$$\deg\Theta \leqq \deg q + c$$

ここでも、詳しい記号の意味は、あまり気にしないでほしいのですが、これは、本来なら左辺の方がサイズが大きいところへ、右辺に小さい数 c をたすことで、右辺の方を大きくできる、というような内容のことを主張している不等式です。ここで c が「小さい」ということは、この不等式は「等式に近い」ということを意味しています。つまり、ひずみの影響で、完璧(かんぺき)な等号を与えることまではできないにしても、等号に近いということを不等式で表現することができるというわけです。異なる舞台にあったものの間に、このような形の、普通の常識的な数学の不等式を出すというところが、ＩＵＴ理論の重要なポイントです。この不等式の意味は、後の章で、もう少し詳しく解説します。そこでの説明からもわかるように、このような不等式を出す上で、ＩＵＴ理論が提案するアイデアには、非常に斬新で含蓄の深いものがあります。

これがＩＵＴ理論が主張することの一つです。この理論は、ある重要な不等式を出すために、複数の数学舞台間の関係付けという、従来の数学にはまったくなかった発想と、それによって得られる従来の数学にはなかった柔軟性と可能性を用いる、ということを目論みます。そして、そのようにして、ＡＢＣ予想に現れるような不等式を証明しようとするのです。

ＡＢＣ予想に現れるような不等式自体は、普通の単一の数学舞台に属する不等式です。ですから、それを証明するために、他の数学舞台にまで行くというのは、もしかしたら、巨大な遠回りなのかもしれません。第１章でも述べたように、こんな遠回りをしなくても、ＡＢＣ予想自体は、普通の数学の枠内で、いつかは証明されてしまうかもしれません。しかし、このような壮大なことを考えることで、例えば「かけ算の伸び縮み」とか、それまでの数学では考えることすらできなかった柔軟性を手に入れることができる、というのはＩＵＴ理論が数学に提案する、非常に重要な発想の転換であると言えるでしょう。そして、それによって、様々な難しい不等式を証明しようとするわけです。

第6章——対称性通信

複数の舞台で考える

望月教授がＡＢＣ予想を解こうとする上で、とても重要視した問題は、自然数においては、たし算とかけ算という二つの演算があって、それが分かち難く絡まり合っていることでした。たし算とかけ算が複雑に絡まり合っているからこそ、ＡＢＣ予想のように、見かけはとても簡単であるにもかかわらず、その解決は恐ろしく難しいというような問題が生じるのでした。ですから、この「たし算とかけ算の絡み合い」を解いて、その間の関係を明らかにすることこそ、数の世界の深奥の秘密の一端を明らかにすることであるし、素数に関する深い問題の数多くを解決するための、もっとも本質的な道筋なのだ、というわけです。それは「自然数」という、およそ数学におけるもっとも基本的な対象についての問題です。そして、その中でも「たし算」や「かけ算」という、小学生でも知っているような、基本の中の基本とでも言えるような問題です。

第2章では、数学における影響力の高い仕事は、その領域における「最先端」というよりは、むしろ根元のベーシックなところで起こるものだ、と述べました。ＩＵＴ理論がもたらそうとしていることは、まさにそのようなものなのだということが、ここからもわかると思います。それは、数という、数学の対象における、もっとも基本的な層から、数学を変えようとしています。その根元のところの、これまで人類が垣間見ることのできなかった、真に基本的な本質というものを、明らかにしようとしているのです。そういう意味で、望月教授のＩＵＴ理論は、数学をその根元から揺るがそうとしているのだ、とも言えるでしょう。

現代数学が、その各領域の「最先端」において、どれだけ洗練され、どれだけ高度なものになっていたとしても、それが解明することのできない物事というのは、必ず存在しています。そして、その中には、とても根本的で基本的なことも少なくないのです。ＩＵＴ理論は、そのような従来の数学が相手にすることのできなかった、数学の根元のところにある問題に、新しい光を与えようとしています。ＩＵＴ理論がその可能性として、おそらく数学史上にも他に類例を見出すことが難しいほどの、凄まじい影響力と破壊力をもっているということも、この理論がもっているベーシックな性格によっているわけです。

そのもっとも基本的な層におけるイノベーションを引き起こすために、ＩＵＴ理論が提案するアイデアについて、前章ではその一つを紹介しました。それは「複数の数学の舞台を考える」というものでした。数学の舞台、つまり数学という行為全体がなされる環境一式というものをモデル化して、それらを複数設定することで、従来にはない、まったく新しい柔軟性を手に入れよう、というものです。

その中で数学という学問一式がなされる宇宙としての「舞台」には、あらゆる種類の数学を実行するための対象や、道具が揃っています。もちろん、たし算もかけ算もあります。そして、それだけでなく、それらの対象や道具が、数学という論理的に緻密（ちみつ）な学問を実現するために必要な、様々の秩序や構造の中に、組み込まれています。その構造を、我々は「正則構造」と呼んでいたのですが、その正則構造の中に、たし算とかけ算は分かち難く組み込まれていて、それぞれを別々に考えることができないのでした。

ですから、いままでのように、単一の数学の舞台でのみ作業していても、なかなか埒（らち）があきません。たし算とかけ算を分離して、それぞれを別々に扱うためには、つまり、正則構造を破壊するためには、どうしても複数の舞台を設定する必要があります。そして、複数の舞台を考えてあげれば、いままで思いも寄らなかった、新しい柔軟性が生まれてくることでしょう。つまり、たし算とかけ算の間の絡まり合いを解（ほど）いて、それぞれ独立に扱うというようなことも、きっと可能になるだろうというわけです。

舞台間の通信はどうするのか？

こうして、新しい数学を構築するためには、複数の数学舞台を設定するべきだ、ということになりました。その必要性や、期待される効果については、今までの説明で、だいたい飲み込んでいただけたのではないかと思います。

そうなると、次には、これらの複数の舞台の間の関係を、どのようにしてつけるのか、という問題を考える必要があります。複数の数学舞台を考えるのはいいが、その間にまったく関係がなく、まったくの没交渉なのだとしたら、全然意味がありません。我々の住んでいる宇宙の外に、また別の宇宙があるとしても、その間になんの関係も通信手段もなければ、別の宇宙なんてないのと同じです。ＳＦだって生まれないでしょう。その間になんらかの関係性が、少しでもあるからこそ、そこからなにか思いがけないストーリーが生まれてくるのです。ですから、異なる宇宙や数学舞台の間の関係や、通信手段について考えることは不可欠です。

しかし、このことは、実はかなりのっぴきならない問題です。先にも述べたように、異なる舞台の間で共有できるものというのは、実はとても少ないのでした。我々はテレビの映像の中の人と握手することはできません。画面の中にいる人から、画面の外の人がなにか物を受け取るなどということは、特撮では可能かもしれませんが、実際問題として不可能です。

要するに、異なる舞台の間では、直接的な「モノ」のやり取りは不可能だということです。画面の中の人には、手を差し出すことも、ボールを投げて渡すことも、できそうにありません。

ですから、異なる舞台の間でなんらかの情報交換をしようとするのであれば、それは「モノ」による方法ではない必要があります。では、一体どうすればいいのでしょうか？「モノ」ではないとするならば、なにを交換することで、情報交換できるというのでしょうか？

ＩＵＴ理論が提案する、その情報交換のメディアは「対称性」です。ＩＵＴ理論は「対称性」を伝達することで、異なる舞台間の通信を成立させ、それらの間の関係性を構築しようとします。この章では、この「対称性通信」のアイデアについて概説しようと思います。ですから、その前に、そこでやり取りされる「対称性」というものについて、多少なりとも説明することが必要で

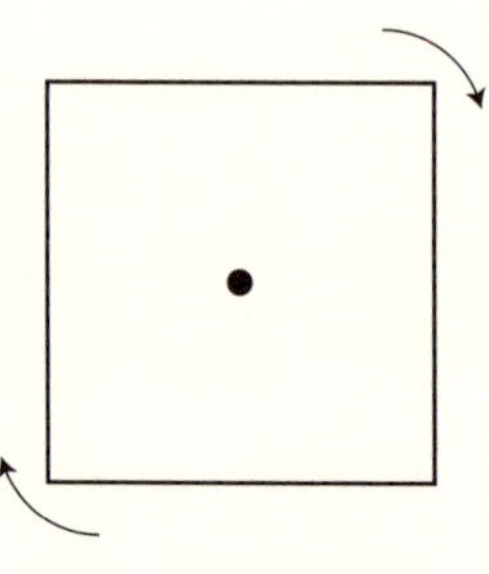

図6-1　正方形の回転

しょう。次の節で、これについて簡単に説明します。

対称性

対称性とはなんでしょうか？　我々の身の周りには、様々な対称性があります。身の周りにあるいろいろなものは、それが対称性をもっていることで、使いやすかったり、見栄えがよかったりします。丸いお皿はテーブルの上にどのようにおいても、同じ形に見えますが、四角いお皿の場合は、そういうわけにはいきません。これは、円という図形の方が、四角形より多くの対称性を有していることによっています。

例えば、図6－1を見てください。そこでは、正方形という図形が考えられています。正方形を、その重心（図中の正方形の中心の点）を中心として回転させることを考えましょう。回転の方向はどちらでもよいですから、例えば、時計回りに90度だけ回転させてみます。すると、回転させた前と後とでは、図形は変わっていないように見えます。現実には、この正方形は「時計回りに90度回転」という動作を行ったのですから、回転の前より変わっているとも思えます。しかし、見え方としては、全然変わっていない。なぜかというと、この図形が正方形というものであるからで、正方形という図形においては、「時計回りに90度回転」を行った前と後とでは、それらの図形を区別できない、つまり同じとみなすしかないからです。

このことを、「正方形は90度回転に関する対称性をもつ」と言ったりします。対称性とは「モノ」ではなく、正方形というモノがもつ「性質」です。性質としての対称性とは、このように、回転などの運動や操作の前後で、形が変わらないという性質のことを言います。以上のことは、読者の皆さんもよく知っていることでしょう。

対称性とは、このように、運動や操作と不可分に結びついています。右では、一点を中心とした回転という運動・操作についての対称性を示しました。ここで「運動」という言葉と、「操作」という言葉を両方用います。正方形をだれかが回転させるというのであれば、それはそのだれかが行った「操作」ですが、正方形が自分で回転するのであれば、それは「運動」でしょう。この二つの状況を区別することは、ここでは本質的なことではありません。ですから、今後は、この二つの言葉を適宜、同じように使い回します。

大事なことは、対称性という「性質」は、運動や操作といった「動き」と、不可分に結びついた概念であるということです。もっと具体的に言えば、それはそれらの「動き」によって《不変である》(変化しない)という「性質」なのです。ですから、対称性について論じようと思ったら、これらの運動や操作について論じればよいことになります。これが、次の章に出てくる「群」という概念にいたる第一歩です。

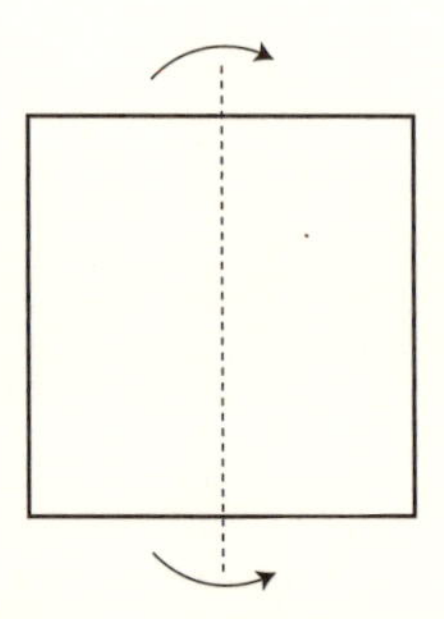

図6-2　正方形の折り返し

回転と鏡映

正方形の話に戻りましょう。前節では正方形の対称性として、90度回転という運動による対称性を考えましたが、正方形にはもう一つ、これとは本質的に異なる対称性があります。それは、軸に沿って折り返すという操作についての対称性です。図6－2を見てください。そこに示したように、正方形の重心を通り、辺に平行な線（図中の点線）を考えると、それを軸として折り返すことができます。折り返すという操作は、ちょっとわかりにくいかもしれませんが、図にある点線を回転軸として、図を3次元的に回転させると考えると、わかりやすいかもしれません。

いずれにしても、このようにして、正方形はまた、もとの正方形とまったく同じ形に写されますから、これも正方形がもつ対称性です。このような「折り返し」(1)という操作は、「鏡映」と呼ばれます。正方形は、回転と鏡映という、二つの運動・操作に関する対称性をもつわけです。

ここで回転対称性と鏡映対称性は、本質的に異なるものだと

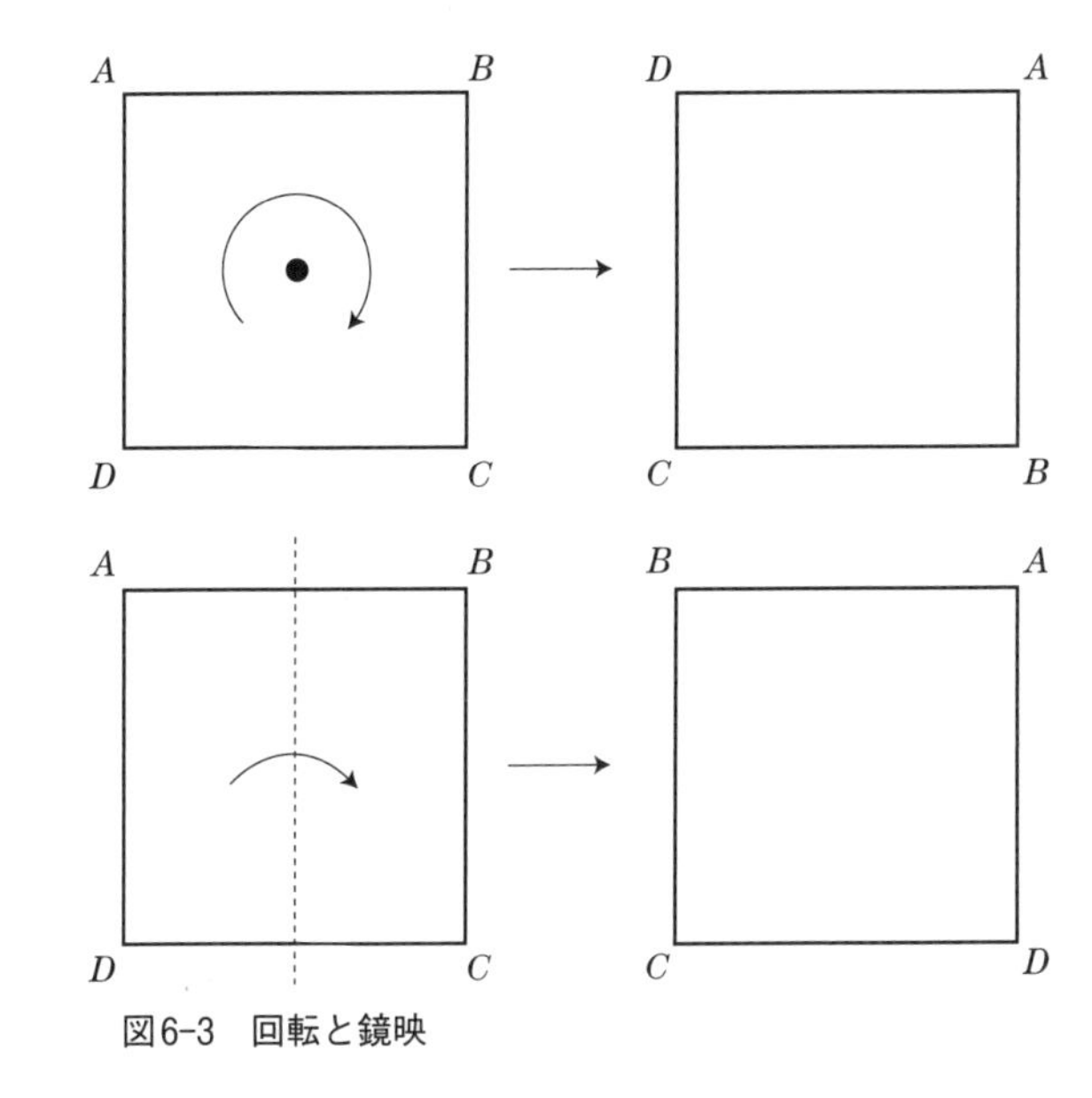

図6-3　回転と鏡映

いうことに注意しておきましょう。これを見やすくするためには、正方形の四つの頂点にA、B、C、Dとラベルをつけるとよいです。これらはただのラベルであって、図形の一部ではない、と考えます。ただし、回転や鏡映などの操作をするときには、これらのラベルも一緒に動かすことにします。

図6－3を見てください。時計回りに90度回転すると、$ABCD$というラベルは$DABC$に変わります（図6－3上）。これに対して、鏡映を行うと、$ABCD$というラベルは$BADC$に変わります（図6－3下）。回転によってできた$DABC$というラベルのならびは、Dから始まっていますが、

（1）「折り返し」というと、折り紙のように「二つ折り」にするというイメージになるかもしれませんが、ここでの意味はそうではありません。対称軸を中心に回転させて、左右をひっくり返すことです。

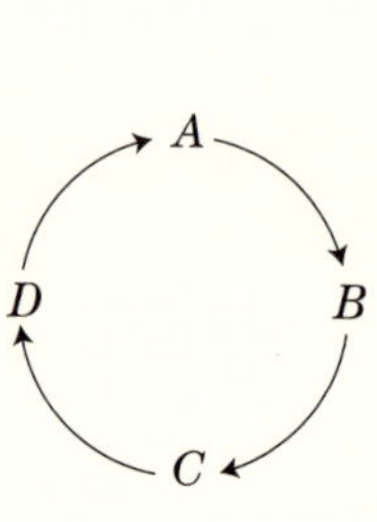

という、循環的な文字のならび順（円順列）は変わりません。回転をもう一回やって、180度回転にしても、やはり同様です。この場合、ラベルはCDABとなりますが、ここでもやはり、循環的なパターンとしてはABCDやDABCと同じです。ですから、このようなラベルの循環パターンは、回転によっては変わらないことがわかります。もちろん、これはなにしろ「回転」によって引き起こされるラベルの移動なのですから、その循環パターンが変わらないのは、考えてみれば、当たり前のことです。

他方、鏡映からできるラベルのならびBADCを見てみると、これはABCDとは循環パターンが異なっています。ですから、ここからわかることとして、90度回転を何回行っても、鏡映と同じ操作を作ることはできない、ということになります。ですから、回転と鏡映は、互いに本質的に異なっている操作だということになりますし、それらに基づいた対称性も、正方形という図形がもつ本質的に異なる性質なのだ、と言うことができます。

回転と鏡映が、互いに本質的に異なった動きだというのは、次のような、もっと見やすい方法によってもわかります。例えば、先ほど考えた正方形が、厚紙のようなものでできていて、その表と裏がわかるようなものだとしましょう。最初は表の面が見えているとしますが、回転によっては、正方形の表と裏が入れ替わることはありません。つまり、回転を何度行っても、見えているのは、依然として表の面です。しかし、鏡映となると、状況は異なります。先に示したように、鏡映を、対称軸に沿って3次元的に回転することだと思えば、この操作の前後で表と裏が入れ替わっていることに気づきます。このことからも、回転を何度繰り返しても、鏡映を作ることはできないということがわかります。

以上のことをまとめましょう。ここでは「対称性」というものが問題でした。対称性とは、回転や鏡映などといった「運動」や「操作」によって、図形の見かけが変わらないという性質です。図形などの対象Xが操作sを施しても不変なら、

　Xや操作sに関して対称的である

とか

　Xは操作sに関する対称性をもつ

とか言います。そして、対称性にはいろいろな種類があって、それらを区別するための様々な議論の方法があります。例えば、ラベルの円順列、つまり循環的なならびのように、回転では不変だが、鏡映では不変ではないようなものが見つかれば、それはこれらの対称性を区別するための重要な鍵（かぎ）になります。同じように回転と鏡映を区別する鍵として、他には面の「表裏」というも

のも考えました。

このようにして、対称性や、それにまつわる運動や操作などについて、系統的に調べたりすることは、数学の世界では、主に「群論（group theory）」という分野の仕事です。群論については、もう少し後で詳しく説明します。

対称性による復元

対称性については、この後でも、折に触れて様々に解説を加えていくことになりますが、ひとまず最初の導入はここで終わりにしておきます。ここで大事なのは、次のことです。すなわち、「対称性とはモノではなく、モノの性質である」ということです。

対称性は、それ自体がなんらかの実体をもった対象というわけではありません。それはモノではなく、モノにまつわる性質なのであり、特徴なのです。例えば、正方形は回転と鏡映という対称性を「もっている」わけですが、それはこれらの対称性という「性質」が、正方形には見出せる、ということを言っているに過ぎません。ですから、あくまでも、最初に「モノ」があって、そのモノがもつ「性質」として対称性がある、というわけです。

どうしてこんなことを一生懸命に強調するのかというと、実はこれについて、皆さんに発想の転換をしてほしいからです。実は、我々はこの順番、つまり「モノが最初にあって、その性質として対称性が次にある」という順番を逆転したいのです。つまり、いままで見てきた、

モノ
↓
対称性

という順番を、

対称性
↓
モノ

という形に逆転します。具体的には、「対称性」という性質から「モノ」を復元する、ということです（図6－4）。これは一体、どういうことでしょうか？

　なにかモノがあって、その見かけの形を変えない運動や操作があるとします。そしてそのような操作を、十分たくさん考えます。そうすれば、その対称性を与える操作の情報だけから、その図形を見ていなかった人も、その図形を復元することができるのではないか、ということです。

　例えば、以前からしているように、正方形を考えましょう。正方形は90度回転という操作に関する対称性をもっています。これは4回繰り返すと、元に戻る操作です。そこで今度は、正方形という図形をす

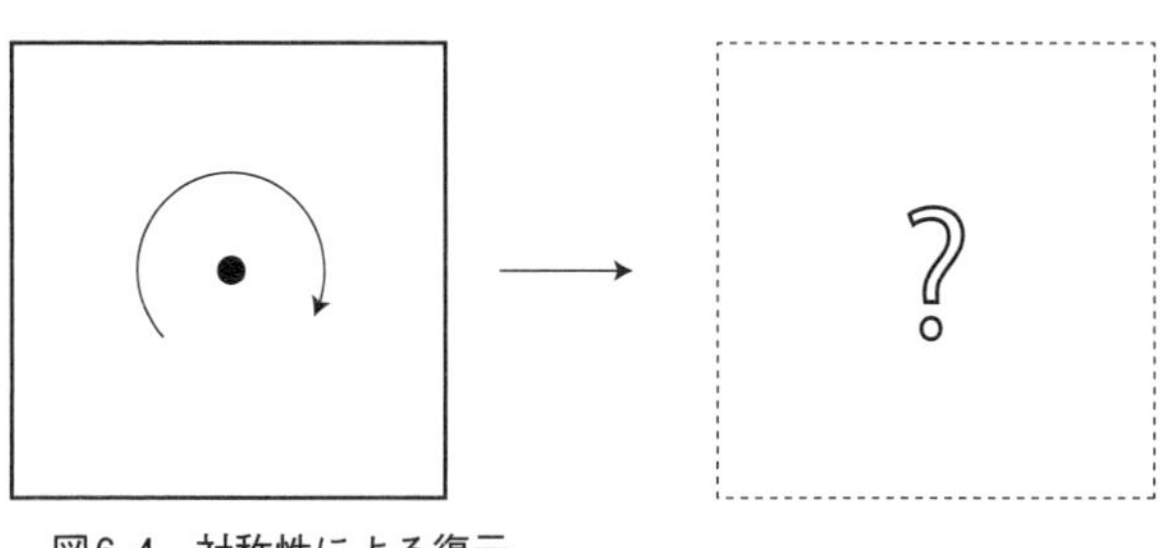

図6-4　対称性による復元

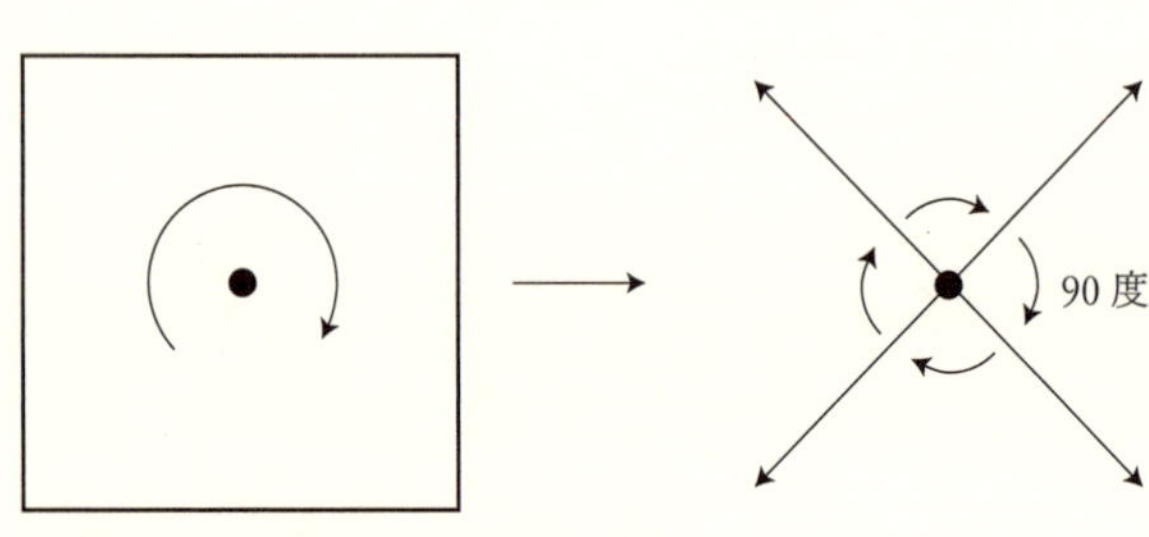

図6-5　90度回転による図形の復元

っかり忘れてしまって、この90度回転による対称性という情報だけを知っているとします。もともとの図形を全然知らないで、「90度回転による対称性」という性質だけから図形を復元しようとしたとすると、我々はどのように考えるでしょうか？

まず一つのやり方は、回転の中心を適当に定めて、そこから適当な方向に矢印を書きます。そうして、「90度回転による対称性」という情報に基づいて、これを90度回転させるでしょう。これを4回繰り返すと、合計で4本の矢印ができて、もとに戻ります（図6－5）。こうしておいて、できた矢印の先端をそれぞれ直線で結べば、本質的には、正方形という図形が復元されます。

復元ゲーム

もちろん、復元とはいっても、もとの図形が完全に復元されるというわけではありません。例えば、いまやったようにしてできあがった正方形は、もともとの正方形とは大きさが全然違うかもしれません。その大きさは、最初に選んだ矢印の長さによって決まります。「90度回転による対称性」というだけの情報からは、この最初の矢印の長さをどうすればよいかは、まったくわかりません。ですから、できあがった

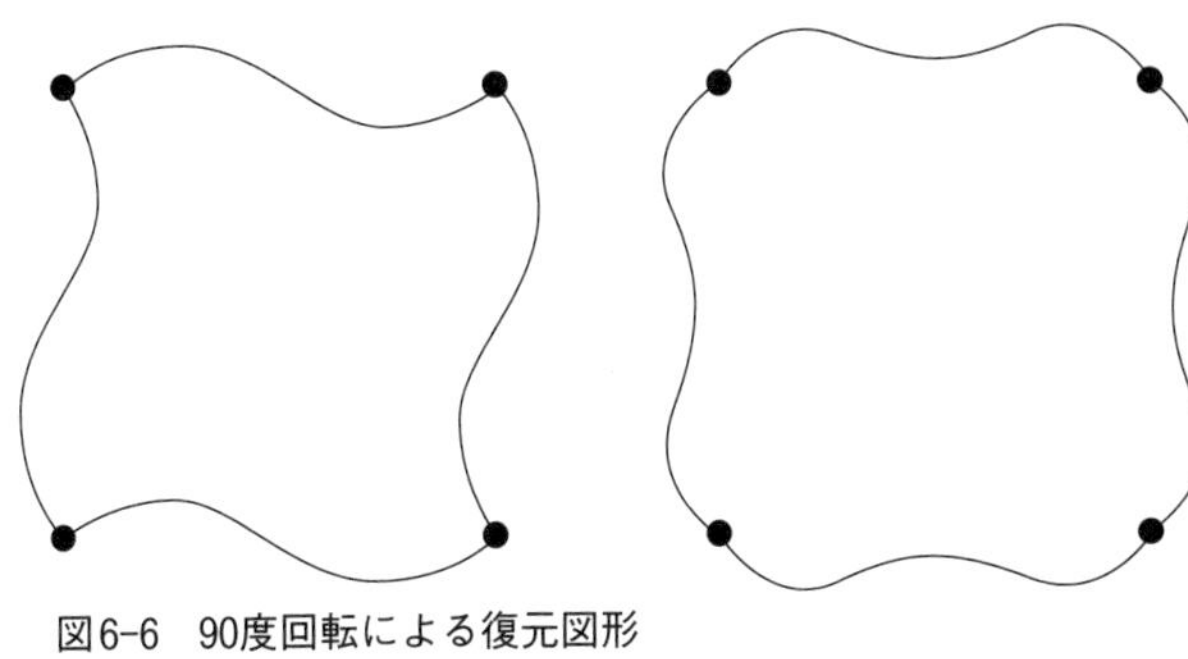

図6-6　90度回転による復元図形

図形は「正方形だ」という意味では、もともとの図形と同じだと言えますが、しかし、大きさは全然異なっているかもしれません。

　さらに言えば、図6－5では図形を復元する人が、四つの矢印の先端を、素直に直線で結んでくれていたので、最終的にできあがった図形は、望み通り正方形になりました。しかし、これだって、本当は「90度回転による対称性」というだけの情報からは、わからないことです。ですから、あまり素直な方法ではないかもしれませんが、直線の代わりに、ちょっと波打ったような曲線で結ぶかもしれません。「90度回転による対称性」に注意しても、得られる図形は図6－6にあるような図形のようになる可能性があります。

　ですから、回転による対称性だけからは、正方形を復元することは、完全にはできません。つまり、対称性だけでは「正方形」という図形を伝える情報量としては、ちょっと少なすぎるのです。しかし、対称性は正方形という図形のある種の側面、あるいは、一つの性質を正確に伝えていることは確かです。正方形という図形そのものよりは、その対称性という側面だけを伝えようとするのであれば、この復元は、ちゃんと意味のあるものになります。

もちろん、対称性の情報をもっと多くすれば、復元される図形の可能性は狭まり、もとの正方形に近づいていくでしょう。例えば、回転だけではなく、鏡映による対称性も加えることができます。図6－6の左にあるような図形は、この「鏡映による対称性」という新たな情報を加味すれば、排除することができます。つまり、対称性についての情報量を上げれば、その分だけ、復元される図形の可能性が絞れるわけで、それによって、図形はより復元されやすくなるわけです。しかし、このように回転と鏡映に関する対称性という情報を両方与えたとしても、図6－6の右にあるような図形は、まだ排除できません。

　というわけで、「対称性」という性質による図形の復元というゲームは、常に完全にできるというわけではありません。しかし、それは場合によっては、それなりには有効です。つまり、図形を完全に復元することは無理だとしても、考えている図形のかなりの特徴を、対称性は捉(とら)えているわけで、そのため、その対称性という性質だけから、図形の形をそれなりには復元することができるのです。そして、最後に見た例からわかるように、知っている対称性の種類が多ければ多いほど、つまり、対称性という性質の情報量が多ければ多いほど、図形の可能性は絞られてくるので、復元される度合いは高まります。

　基本的な原則としては、扱っている対称性の種類が多く、その全体の複雑さが増せば増すほど、対称性が図形の復元のために提供する情報量は多くなります。そして、その分だけ、復元はより精巧なものになっていきます。上では正方形の対称性について考えましたが、正方形よりも正六角形の方が、より多くの対称性をもつので、復元の不確定性は減ると考えられます。そして、同様に正8角形や正10角形、正12角形、正20角形などなどと、正多角形の辺数を増やせば、それだけ復元の精巧さも増すことになります。その究極にあるのは円でしょう。円は「すべての角度の回転による対称性」をもっていますが、その情報から円を完全に復元できます。

もちろん、ここまでやっても、まだ円の大きさ（半径の長さ）はわかりません。対称性による図形の復元には、ある程度の不完全さは付き物です。しかし、対称性による数学対象の復元においては、対称性の複雑さの度合いというのが、非常に重要になってきます。第3章で少しだけ触れた「遠アーベル幾何学」というものの基本理念も、そこにあります。すなわち、「アーベル的」という性質から遠い型の対称性の全体をもつとき、ある種の数学の対象の復元が可能になる、ということです。このことは、さらに後の議論で、もう少し詳しく説明することにします。

対称性通信

ここでちょっと空想をたくましくしてほしいのですが、もし、右のような考え方、つまり「対称性」を使って、図形という「モノ」の復元がある程度可能なのであれば、この原理を使って通信ができるのではないか、と考えられます。考えてみてください。「モノ」というのは、通信できません。現代の我々は、いろいろな通信手段をもっています。それらによって、音声や映像や、その他、様々な情報を通信しています。しかし、「モノ」そのものの通信や伝達、つまりテレポテーションは、いまだに実現していません。ですから、モノのやりとりというのは、どうしても間接的にならざるを得ません。ここで考えたいことは、その一つの可能性として、「対称性」を

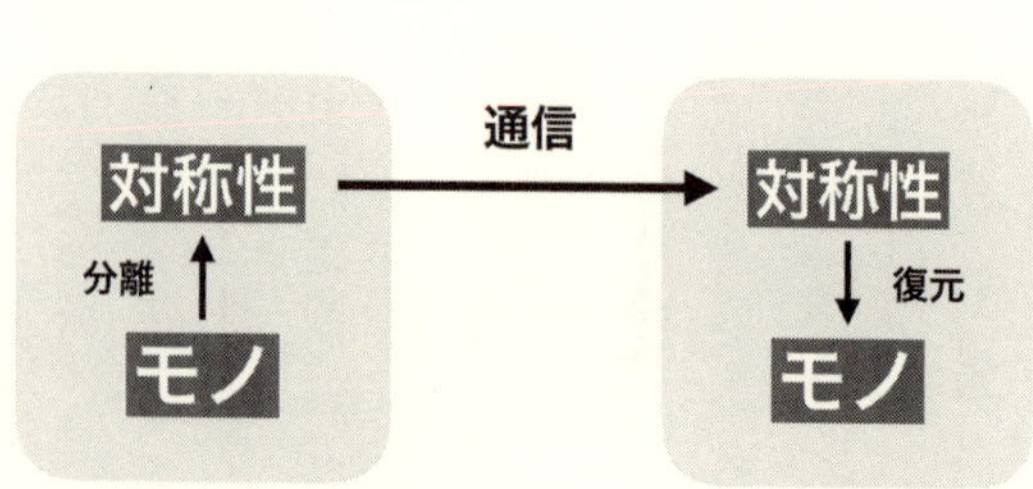

図6-7　対称性通信の原理

使った通信によって「モノ」を伝達することができるのではないか、ということです。

対称性通信の原理は簡単です。図6－7を見てください。まず、図の左側では、伝えたい「モノ」から、その性質としての対称性を分離して取り出します。つまり、モノを、その対称性に翻訳するわけです。次に、その対称性を通信によって右側に伝えます。対称性はモノではありませんが、モノにまつわる性質です。ですから、対称性という性質をコード化して伝達することは可能です。この対称性を受け取った側は、今度はそれを用いて、もともとの「モノ」を復元します。こうして、左から右へ、「モノ」の通信が可能になります。

以上が「対称性通信」と、私が呼んでいるものの原理です。そして、ＩＵＴ理論は、簡単に言えば以上のように簡潔に説明されるような通信方法を使って、異なる数学の舞台の間の関係性を構築しようとします。以前にも述べたように、異なる舞台の間では「モノ」を直接やりとりすることはできないのでした。それは、我々がテレビの映像の中の人と握手したりできないことと同様です。しかし、ＩＵＴ理論においては、複数の数学の宇宙を設定して、それらの間の関係性について議論しなければなりません。そうであればこそ、それは「宇宙際」なのです。ＩＵＴ

理論が複数の舞台を必要とする理由は、それが「たし算とかけ算」の間の分かち難く複雑な関係、つまり「正則構造」を、一度分解して議論することを目指すためで、このようなことは、従来通りに単一の数学舞台の中では不可能なのでした。ですから、IUT理論では、これら複数の数学の舞台の間で、なにが《同じ》で、なにが《違う》のか、といった関係を整合的に定めることが必要となります。そして、そのために、異なる数学舞台の間で情報交換をする必要が生じるわけですが、そのやり方が、前述の「対称性通信」というわけなのです。

もう少し、具体的に述べましょう。まずは数学の舞台、つまり、その中で普通の数学が繰り広げられる一式の宇宙を一つ考えて、そして、それとは別に、もう一つの数学の舞台を考えます。わかりやすさのため、一方を「舞台A」、もう一方を「舞台B」と呼びましょう。舞台Aと舞台Bは、それぞれ、その中で「普通に」数学ができる環境です。

IUT理論で考えたい状況は、舞台Bが舞台Aの中に入れ子で入っている、という状況です。「入れ子宇宙」のアイデアについては、前章で触れました。これは、いわゆる「テータリンク」のような、大きさの異なるパズルのピースを「はめる」ということを行うために、必要な状況なのでした。ですが、ここでは説明を簡単にするために、これらの舞台が入れ子になっているとは限定しません。あくまでも、二つの異なる宇宙の間の通信、という感じの喩(たと)え話として扱います。

さて、異なる宇宙、あるいは舞台の間の通信について考えます。これらの宇宙の間では、やりとりできる数学の理論や計算は、とても限られているとします。というより、必然的にそうでなければなりません。というのも、もし、舞台Aと舞台Bの間でなんでも共有できてしまうのであ

図6-8　舞台間の通信

れば、なにも複数の舞台を考える意味はありません。特に、「たし算とかけ算」が同時に共有されてしまうのであれば、舞台Aと舞台Bの間で「正則構造」が共有されてしまうことになります。となれば、「正則構造」を解きほぐして、たし算とかけ算を独立に扱いたいという、我々の当初の目標は実現不可能になります。なぜなら、たし算とかけ算が一体不可分で、一蓮托生（いちれんたくしょう）に結びつきあっているという「正則構造」のもとでは、これらを別々に扱おうとすると、たちまち矛盾が起こってしまうからです。

ですから、これら二つの舞台の間で共有できることは、非常に少なくしておかなければなりません。少なくとも、我々が普通に行うような計算のほとんどは、この舞台の間では共有できないことになります。ＩＵＴ理論が最初に設定する舞台の間の関係というのは、このように、非常に微妙なものです。それはあまり多くを共有してはいけません。しかし、共有できるものが僅（わず）かだと、舞台の間の関係性を結ぶことができなくなります。そういう微妙なところを上手に実現するのが、先に説明した「対称性通信」なのだというわけです。

つまり、こういうイメージです。図6－8を見てください。舞台Aの人が、その舞台の中での数学における数学対象、例えば、正三角形という図形を、舞台Bの人と共有したいとします。その際、この図形そのものを共有することはできないとしましょう。その場合、舞台Aの人は、正三角形がもっている回転対称性に注目して、この情報を舞台Bの人に伝達します。正三角形は、１２０度回転という操作に関する対称性をもっています。というわけで、舞台Aの人は、その１２０度回転による対称性というものを、舞台Bの人に知らせます。そうすると、舞台Bの人がハイハイと言って、その正三角形を（ある程度）復元するという、そういう話になるわけです。

ひずみ

もちろん、この通信には限界というか、不完全さがどうしても残るのでした。なぜなら、対称性だけから「モノ」を復元するということには、どうしても不完全さがつきまとうからです。ですから、右の例でも、舞台Bに伝えられた「正三角形」というものが、舞台Aの人が心に描いている正三角形とは異なってしまっている可能性もあります。実際、大きさも違ってくるでしょうし、辺の形だって直線ではなく、波打っているかもしれません。だから、この通信方法では、そういう意味で多少のずれ、不整合、あるいはひずみが生じます。実は、このようにして生じる「ひずみ」というのが、ＩＵＴ理論では重要なのですが、これについては後々の議論でたびたび出てきますので、よく憶(おぼ)えておいてください。

また、右では異なる舞台間で、数学的対象の対称性を伝達することについて述べましたが、この「対称性」という、ちょっと実体のない、雲をつかむようなものを、一体どうやって伝えるのだろうか、という疑問もあり得ると思います。これについて、答えを先取りしておくと、ここでやりとりされるのは、実は「群（group）」というものです。対称性に関連した、対象の「運動」や「操作」を上手に概念化する上で、群の概念は欠かせません。すでに述べたように、対称性についての一般的な議論を展開するために、数学が用いるのが「群」の概念であり、それについての理論が「群論」です。

前節の終わりに少し触れたように、通信の結果としての「復元」が、どのくらい精巧に行えるかは、通信によって伝達される対称性の複雑さ、とでも言えるものの度合いに強く依存するのですが、この「複雑さの度合い」は、群論の概念を用いて表現することができます。群論では、対称性を与える運動や操作などの全体を考えて、そこに生じる抽象的な構造を扱います。そして、その構造の複雑さとでも言えるものが、対称性全体の複雑さを表しているわけです。したがって、「対称性からの復元」を重要な契機として含む対称性通信の正確さは、伝達する対称性の群の構造の複雑さの度合いに依存するというわけです。その意味で、群論は対称性という情報の複雑さの度合いを、ある程度定量的に、あるいは定性的にも示してくれます。

群論はもちろん抽象的な学問ですが、基本的な考え方自体はそれほど難しいものではありません。次の章では、後々の議論のために必要な、この「群論」に入門しましょう。そして、それを踏まえて、対称性による復元や、対称性通信の正確さ、あるいは不正確さから生じるひずみなどについて、もう一度考えることにいたします。

第7章 「行為」の計算

右向け右！

この章では、簡単な群の例から始めて、数学における、いわゆる「群論」という学問に入門してみましょう。もちろん、群論自体は非常に抽象的で奥深い学問ですから、その全景を示すことはなかなかできません。ですが、群論という学問の基本的な視点や、考え方について、少なくともその基礎への最初のアプローチはできます。そして、IUT理論のわかりやすい解説を目指している本書の、今後の議論のためには、それで十分です。大事なことは、技術的に詳細な群論を学ぶことにあるのではありません。そうではなくて、それがどのような学問で、どのような視点からどのような対象を扱うのか、といった「基本思想」を理解することにあります。

まずは、群の概念の非常にわかりやすい例を、一つお見せすることから始めましょう。図7－1を見てください。ここには、男の子の絵が四つあります。そして、それぞれに「なにもしない」「右」「後ろ」「左」と書かれています。これらの絵で示されているのは、これらの「行為」の結果、男の子の状態がどうなっているかです。最初に男の子は前を向いています。その状態から「右を

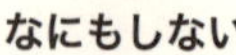

図7-1　四つの行為

向く」という行為をすると、二番目の「右」と書かれている状態になります。他も同様です。

ただ、ここでは「なにもしない」というのも、一つの行為だとしています。ですから、最初の状態から「なにもしない」という行為を行うと、最初の「なにもしない」と書かれている状態、つまり最初の状態と同じ状態になる、と考えます。

ここで、「行為」とその結果としての「状態」が、注意深く区別されていることに注意してください。我々にとって大事なのは「行為」の方です。つまり、「右を向いた状態」とか「後ろを向いた状態」に興味があるのではなくて、「なにもしない」という行為、「右を向く」という行為、「後ろを向く」という行為、そして「左を向く」という行為という、以上四つの行為に興味があります。

図7－1には、最初の状態（つまり、一番左の状態）から出発して、それぞれの行為を行った結果が書かれていますが、これらの「結果としての状態」自体には、それほどの重要性はありません。「行為」の方に、我々は注目したいのです。図では「結果としての状態」しか描かれていません。理由は

簡単です。行為そのものを、静止画で描くことはできないからです。それをするためには、動画が必要となるからです。

前章では、「対称性」に関連して、運動や操作といった「動き」を重要視していました。ここでも、重要なのは「行為」という「動きそのもの」であって、その結果としての「状態」ではないというわけです。もちろん、ここですでに「運動」「操作」「行為」という三つの言葉が出てきてしまっていますが、その使い分けは、特に重要ではありません。ここでは男の子という主体が運動を引き起こすので、「行為」という言葉を使っていますが、その言葉遣いに特別の意味があるわけではないのです。ですから、ここではしばらく「行為」という言葉を使いますが、それは前節で用いた「運動」や「操作」と、同じくらいの意味だと思ってください。

行為の合成

いずれにしても、ここで我々が考えたいのは、「なにもしない」「右を向く」「後ろを向く」そして「左を向く」という四つの行為です。結果としての「状態」でなく、「行為」を考えることのご利益は、次のことにあります。行為は、それを二つ続けて行っても、それがまた一つの行為になります。例えば、「右を向く」という行為をした後に、それに続けて、また「右を向く」という行為をしたとします。そうすると、どうなるでしょうか。最初の状態を図7－1の一番左の状態だとすると、一回「右を向く」ことで、左から二番目の状態になります。この状態から、また「右を向く」という行為をするわけです。そのとき、男の子は、最初の状態からみれば、すでに右を向いているわけですが、その状態から、さらに「右を向く」という行為を行うのです。つまり、そのときの男の子の視点から見て、右の方に向くということになります。ですから、二回目の「右を向く」という行為の結果は、図7－1の左から3番目の状態、つまり、最初の状態から「後ろを向く」という行為をした結果の状態と同じになります。

だいぶ回りくどく言いました。ですが、ここでわかったことは、次のようなことです。

「右を向く」という行為を最初の状態から二回続けて行うと、「後ろを向く」という行為を最初の状態から一回行ったときと、状態は同じになる。

この言い回しは、おそらく日常的な言い方に近い言い回しだと思いますが、ちょっと回りくどいです。どうして回りくどいのかというと、そこには「行為」と「状態」の両方が混在してしまっているからです。「行為」だけに注目すれば、単に次のように言っていることになります。

「右を向く」（という行為）を二回続けることは、「後ろを向く」（という行為）をすることと同じ。

この言い方は、あまり日常的なものではありませんが、意味はスッキリしています。つまり、行為として「右を向く」を二回するという行為は、「後ろを向く」という行為と同じなのだということです。

そして、このあまり日常的ではない後者の表現の方が、考え方としては優れています。というのも、それは「最初の状態」には無関係だからです。最初の状態がどのようなものであっても、この表現自体は正しいからです。つまり、図7－1に描かれているどの状態から出発しても、右の表現そのものは正しいのです。なぜなら、それは最初の状態に関係なく、行為という「動き」だけを扱っているからです。

ここで、すでに「群」という概念の入り口が、垣間見えています。「右を向く」を二回するのは「後ろを向く」と同じだ、というときに、すでに我々は群の演算というものをやっているからです。我々はすでに、これら四つの行為（動き）からなる群、というものを考えています。そして、その演算として「続けて行う」というもの、つまり「行為の合成」を考えているのです。

もう少し、例を見てみましょう。「左を向く」という行為を二回続けてみます。そうすると、最初の状態から「後ろを向く」ことと同じ状態になります。これを群の演算で言うと、「左を向く」ということを二回繰り返すことは、「後ろを向く」ということと同じである。つまり、「左を向く」という行為を二回続けると、「後ろを向く」という行為と同じだというわけです。また、後ろを向いた状態から、もう一度「左を向く」と、今度は「右を向く」ことになっています。これはつまり、「左を向く」を三回繰り返すと、「右を向く」ということと、行為として同じになるということです。

もっと遊んでみましょう。最初の状態から、「左を向き」ます。そして、もう一度「左を向き」ましょう。これは、「後ろを向く」ことと同じでした。では、後ろを向いてから、右を向いてみます。これは「左を向く」ことと同じです。その状態から、もう一度右を向いてください。こうするると、最初の状態に戻ります。つまり、「左を向く」ことと「右を向く」ことを続けると、「なにもしない」という行為と同じだというわけです。「左を向く」ことと「右を向く」ことは、行為として互いに逆の関係にあるわけですから、当然と言えば当然です。

「動き」を計算する

さて、ここでいままでにも何回も出てきた、「行為として同じ」ということを、数式にしてみます。つまり、「行為」というのを記号にしてしまって、それを使って、あたかも数の計算をしているような感じで、行為が同じだったり、違ったりすることを書き表そうというわけです。

すでに我々は、

「右を向く」を二回続けることは、「後ろを向く」をすることと同じ。

という命題を承知しています。この命題を、簡潔に数式にしてしまおう、というわけです。そんなことをして、なんの役に立つのか、と思われるかもしれませんが、これが結構役に立つのです。

とりあえず、感覚的には、こんな感じの式が書けます。

ここで、「右を向く」という行為が「2乗」されているという意味は、この行為を二回続けて行う、という意味を表すものとしています。そうすると、行為として、これは「後ろを向く」というものと同じになるので、右のような等式で結ばれるというわけです。

(右を向く)^2
=(後ろを向く)

同じように考えれば、次のような式も書けます。

(左を向く)^2
=(後ろを向く)

(後ろを向く)^2
=(なにもしない)

最初の式は、先ほどの式と同様に考えればいいだけです。二番目の式は、「後ろを向く」という行為を二回続けて行うと、それは「なにもしない」ことと同等だ、ということを言い表しています。実際、一回後ろを向いて、その状態からもう一回後ろを向けば、もとの状態に戻りますから、なにもしていなかったことと同じです。

こんな感じで、「行為」というものを対象にして、「続けて行う」ということを、かけ算のように書いてみると、それなりに意味のありそうな式が書けます。これをもっと数式らしくしましょう。例えば、「r」という一つだけの文字で、「右を向く」という行為を表すことにします。つまり、

$$r = (\text{右を向く})$$

ということです。同様に「なにもしない」をeで、「後ろを向く」をbで、「左を向く」をlで表すことにしましょう。

これらの文字を使う理由は、さしあたってはなにもありません。ただ、このように各々一つだけの文字を使えば、式が格段に短くなって、その分、見やすくなります。例えば、今まで出てきた命題を、これらの新しい記号で書き表すと、

$$r^2 = b,$$
$$l^2 = b,$$
$$b^2 = e$$

という感じになります。

他にも、いろいろ式にかけます。例えば、こんなのがあります。

$$b \cdot r = l$$

ここでは「・」という中ポチみたいな記号が使われていますが、かけ算を書くときと同じような記号を、真似して使っているだけです。ですから、この中ポチを省略して、

$$br = l$$

と書いてしまっても、いいことにしましょう。ただ、ここで重要なのは、このような書き方をするときの、行為の順番の解釈です。以下では、$b \cdot r$ は「r してから b すること」、つまり右を向いてから後ろを向く、という順番で読むことにします。つまり、行為の順番は右から左に読み進んでいくわけです。[1] 右を向いてから、その状態で後ろを向けば、それは最初の状態から左を向いたことと同じです。ですから、$b \cdot r$ は l、つまり「左を向く」に等しくなるわけです。

---

(1) ここでなぜ「右から左」の順番で読むのか？ と疑問に思われるかもしれませんが、こうする理由はとくにありません。「左から右」という順番に読むことにしても結構です。ですが、どちらかに決めたら、一貫してその規則を守る必要があります。

以上で、必要な道具立ては揃いました。表7－1に、四つの行為e、r、b、lのうちから二つの積をとったときの結果が示されています。左の表には、二つの行為の合成の、すべての組み合わせが書かれています。そして、右の表の対応するマス目に、その組み合わせの合成として得られる結果の行為が書かれています。いくつか、取り出して、確認してみてください。

ee	er	eb	el
re	rr	rb	rl
be	br	bb	bl
le	lr	lb	ll

＝

e	r	b	l
r	b	l	e
b	l	e	r
l	e	r	b

表7-1　四種類の行為の積

「閉じている」ということ

表7－1から、特に次の重要なことがわかります。すなわち、行為として見た場合、これら四つの行為e、r、b、lは、続けて行うということによって「閉じている」ということです。つまり、これら四つの行為をどの組み合わせでかけ合わせても、またこれら四つの行為e、r、b、lのどれかになっています。このことを、ここでは「閉じている」という言い方で言い表しました。

実は、この四つの行為の集まりは、「続けて行う」ということ、つまり行為の合成という演算によって群をなすのですが、そのための第一歩が、いまここで明らかになったこと、つまり、この集合がこの演算で閉じているという性質なのです。

いずれにしても、これで、四つの行為e、r、b、lのうちから任意の順番に二つを続けると、どの行為になるかが完全にわかりました。では、二つではなくて、三つ以上続けた場合のことも考えてみましょう。実は、これらを考える上で、新しい道具立ては、もう必要ありません。例えば、「右を向く」という行為を三回続けて行ったら、どうなりますか？　現実の男の子の動きを考えてみれば、それは「左を向く」という行為と同じになることは、すぐにわかります。しかし、これを「計算」することも可能です。まず r（「右を向く」）を二回行うと r^2 ですが、これは表7－1を見れば b とわかります。もう一回、r を行うわけですから rb を計算するわけですが、これも表7－1を見れば結果は l、つまり「左を向く」ということになります。他の計算も同じです。例えば、「左を向く↓後ろを向く↓右を向く」と続けて行うことは、どの行為と同じですか？実際の男の子の動きを、一回一回考えてもいいですが、計算すると、

$$rbl = rr$$
$$= b$$

となって[2]、答えは b、つまり「後ろを向く」ということになるわけです。

(2) ここでは「左を向く↓後ろを向く↓右を向く」の最初の二つである「左を向く↓後ろを向く」を最初に計算して、その答えである「右を向く」に、もう一度「右を向く」を続ける、という順序で計算しました。ですが、「左を向く↓後ろを向く↓右を向く」の後の二つの「後ろを向く↓右を向く」から計算して、その前に「左を向く」をかけ合わせる、という方法でも計算できます。こうすると、まず「後ろを向く↓右を向く」と続けて「左を向く」となるので、この前にもう一つの「左を向く」をくっつけて、「左を向く↓左を向く」として、結局は同じ「後ろを向く」という結果になります。このように、どのように計算する箇所を選んでも、結果が同じになることを「結合的（associative）」と言います。

ここではe、r、b、lの四つの行為からなる群というものを考えているのですが、このように、ある種の行為や運動・操作の集まりが、「続けて行う」というかけ合わせによって閉じていて、いくつかの条件を満たすと、あとは形式的な計算だけで、行為や動きの合成がすべて計算できてしまいます。

ここでは、男の子の動きから始めて、比較的簡単な動きだけを考えていますから、こんな計算をしなくても、実際の男の子の動きを考えれば、答えはすぐにわかります。ですから、このように形式的に計算できることのご利益は、わかりにくいかもしれません。しかし、考えている行為や動きの種類が増えて、その集まりの構造が複雑になっていくと、現実の動きを想像するより、紙の上の形式的な計算で答えが出てきてしまうことは、計り知れないほど便利なことになってきます。このように、簡単なものでも、複雑なものでも、行為や動きの集まりの構造を、簡単な記号による形式的な計算で扱えてしまうことが、なんといっても「群論」という学問分野の強さです。

記号の計算

「群」というのは、基本的には、右で述べたような「行為や運動の集まり」だと考えると、少なくとも最初はわかりやすいと思います。くどいようですが、もう一度注意すると、行為や運動の結果としての状態(「右を向いた状態」とか)ではなく、行為そのもの(「右を向く」とか)を考えることが、ここではポイントです。そうすると、二つの行為を続けて行う、ということによって、行為と行為を合成するという演算が考えられます。

そして、「群」というものは、このような行為や運動の集まりであって、いま述べた「続けて行う」ということ、つまり行為を合成するという演算に対して閉じていなければなりません。つまり、その集まりに属する、勝手な二つの行為を合成することで得られる行為が、またその集まりの中に属していなければなりません。「群」であるというためには、実はこれだけではなく、他にもいくつかの条件を満たさなければなりませんが、そのうちの重要なものは、次の二つです。

・「なにもしない」という行為が含まれていること。
・その集まりに属する任意の行為に対して、その逆となる行為が存在していること。

最後に述べた「逆の行為」というのは、例えば「右を向く」に対する「左を向く」のように、合成すると「なにもしない」に戻るようなもののことです。逆の行為が、それ自身であることもあります。例えば、右で男の子の動きから考えた群においては、「後ろを向く」という行為は、それ自身が自分の逆になっています。実際、「後ろを向く」を二回行うと、「なにもしない」になります。

今まで考えてきた、「男の子の動き」という群について、もう少し考えましょう。この群は、

$$G = \{e,\ r,\ b,\ l\}$$

というように、四つの行為からなっています。ここで、rを二回合成するとbになり、rを三回合成するとlになります。つまり、r^2はbに等しく、r^3はlに等しいわけです。だから、この群を書く上では、実はbとlという記号は、必要なかったことがわかります。それではr^4はどうなるかというと、これはe（なにもしない）に等しいことが、すぐにわかります。

bやlという記号は、例えばbとは「後ろ（back）」の頭文字を使って「後ろを向く」という意味を暗示するための記号だった、という意味では、必要なものだったかもしれません。しかし、そういった「意味」から離れて、純粋に記号の形式的な計算だけに注目するなら、bは「後ろを向く」で、lは「左を向く」というような「解釈」は、むしろ邪魔になります。そういう現実的な解釈とはいったん離れて、抽象的というか、形式的な構造だけに注目しましょう。そうするなら、これらの記号の間の関係だけが重要で、それがどんな意味をもつのか、ということは、あまり大事ではなくなります。

実は、eという記号も、究極的には必要ありません。というのも、rを四回合成すればeになるからです。ですが、「なにもしない」に対応するeは、ちょっと特別な要素(3)ですから、それを明記するために、この記号はとっておいた方が、なにかと好都合です。

いずれにしても、この群Gというものを理解する上では、実はrというものだけを知れば十分だということになりました。すべての要素は「r^n」という形で書けてしまうからです。ここで、

- nが4の倍数であれば、これはeです。
- nが4で割って1余るなら、これはrです。
- nが4で割って2余るなら、これはbです。
- nが4で割って3余るなら、これはlです。

このように、一つの要素から、それを次々に合成していくことで、すべての要素が得られてしまうような群は「巡回群（**cyclic group**）」と呼ばれています。

記号化のご利益

群というものを考える上では、例えば、先にやったように、男の子の動きなどという具体的な例から出発して、具体的な行為の集まりとして考えることは有効です。しかし、すでに述べたように、ある程度まで群というものの道具立てが整ったら、それがもともと依拠していた「右を向く」とか「後ろを向く」とかいった具体的な解釈は、むしろ邪魔になることが多くなります。

---

(3) 単位元と呼ばれています。

つまり、群の要素の間の計算について、ある程度のことがわかったら、もう最初の解釈は捨てて、単に記号と記号との形式的な演算として、ある意味淡々と計算した方が便利だということです。そして、そのように、記号と記号から記号を生み出すような、形式的な計算と捉えた方が、むしろ、その群の構造を摑みやすくなります。例えば、先ほどは「後ろを向く」という解釈を捨てて、単にr^2として捉えることで、その群がrという単一の要素で作れてしまうこと、つまり、その群が巡回群であることを明らかにすることができました。

このような考え方をすることには、いろいろな利点があります。まず一つは、形式的な記号の計算から得られたことを、また当初の具体的状況に戻して解釈することができるということです。例えば、r^3がlに等しいという形式的な計算を、当初の解釈に戻して、「右を向くことを三回続けると、左を向くことになる」とするようなことです。この例のような簡単な状況では、こんな感じで、形式的な計算と、現実の解釈を行ったり来たりすることは、単に物事をまどろっこしくしているだけのように思われるかもしれません。しかし、もっともっと現実的状況が複雑で、実際にやってみたり、考えてみたりすることが困難な場合には、このように、いったん形式的な記号の計算にしてから解釈する方法が、断然早く結論を与えてくれます。そういう意味では、非常に便利な考え方です。

もう一つの利点は、「解釈」をいろいろと変えられるということです。我々は「男の子の動き」から出発して、四つの行為からなる群Gを構成したわけですが、Gの解釈は、決して当初の「男の子の動き」だけしかあり得ないというわけではありません。群Gは、多くの解釈をもち得ます。

つまり、Gは多くの具体例における《共通の構造》を表しているのです。ですから、それぞれの具体的な状況について考えるのではなく、Gについて、その構造を調べてしまえば、それらすべての具体例について、その本質がわかったことになるわけです。これは、大幅な思考の節約になるので、大変強力な考え方です。

例えば、群Gには、「男の子の動き」という解釈の他に、前章で考えた「正方形の対称性」の群という解釈もあります。前章の図6－3（209ページ）に戻りましょう。この図の上段で考えた、「正方形の時計回り90度回転」という動きを考え、これを「σ」という記号[4]で書きます。こうすると、正方形の回転による対称性は、すべてこの「σ」を用いて、そのかけ合わせで書くことができます。

実際、正方形の回転対称性を与える回転は0度、90度、180度、270度の、計四つの回転です。

- 0度回転というのは、もちろん「なにもしない」ことです。
- 90度回転はσです。
- 180度回転はσ^2、つまりσを二回合成することです。
- 270度回転はσ^3、つまりσを三回合成することです。

（4）ギリシャ文字で「シグマ」と読みます。

そして、σ^4は「なにもしない」ことに戻ります。ですから、こうして得られる群は、すでに考えた群Gと本質的には同じで、単に記号の使い方だけが違うということになります。これは、逆に言えば、「男の子の動き」から作った群Gには、正方形の対称性（を与える回転運動）という、まったく見かけが異なる解釈もあるということを意味しているわけです。

このように、群とは、最初は動きや操作や行為の集まりとして考えるべきですが、一度群というものが記号のシステムとして作られてしまえば、後は形式的にいろいろな計算ができるような、便利な考え方です。そして、それは多くの解釈を許すという大きな汎用性をもつことによって、様々な具体的な状況に応用されます。

ところで、日常の具体的な事柄を、形式的な記号の演算に還元してしまうことで、大幅な思考の節約を行うということは、なにも群の考えに始まったことではありません。もっと我々の日常生活に密着した中に、そういう典型的な例があります。それは「数」です。数はモノの重さや大きさや価格を表しますが、それがいったん「数」として、形式的な記号になれば、それを用いて形式的な計算をすることで、様々な情報が得られます。

例えば、スーパーマーケットでは、我々は様々な品物を買いますが、レジで問題になるのは、単にそれらの価格という「数」だけで、結果として出てくる合計金額という「数」は、なにを買ったかにはかかわらず、単に数の計算だけの結果として出てきたものです。それだけでなく、「数」は大きさ、重さ、価格だけではない、極めて多くの「解釈」を許容する概念です。そういう意味で、これまでやってきたような「行為」や「運動」の構造を、形式的な計算に還元するということは、数量を「数」という記号の演算に還元することと、とても似ているのです。単にそれだけのことと言えばそれまでですが、しかし、このように形式化・抽象化することのご利益は莫大です。それは思考の過程を大幅にシンプルにし、多くの具体的事例への解釈や応用を可能にするのです。

対称性の群

ところで、正方形には回転の他に、鏡映という、また別の対称性がありました。もう一度、前章の図6－3を見てください。鏡映とは、この図の下の段に描かれているような運動による対称性です。そして、そこでも述べたように、この運動は、回転を繰り返すことでは、作り出すことができません。つまり、右で定めたσをいくつかけ合わせても、作ることのできないものです。ですから、これに新しい記号を割り当てて、「τ」[5]と書くことにしましょう。

この新しい要素τについて、正方形の対称性という具体例を通じて、我々がわかっていることはなんでしょうか？　まず、これは二回続けて行ったら「なにもしない」に戻るものでなければなりません。実際、鏡映とは「裏返し」なのですから、二回繰り返したら、もとに戻ります。「なにもしない」という要素を、前と同様にeと書きましょう。そうすると、τ^2はeに等しいという式が書けます。

---

(5) ギリシャ文字で「タウ」と読みます。

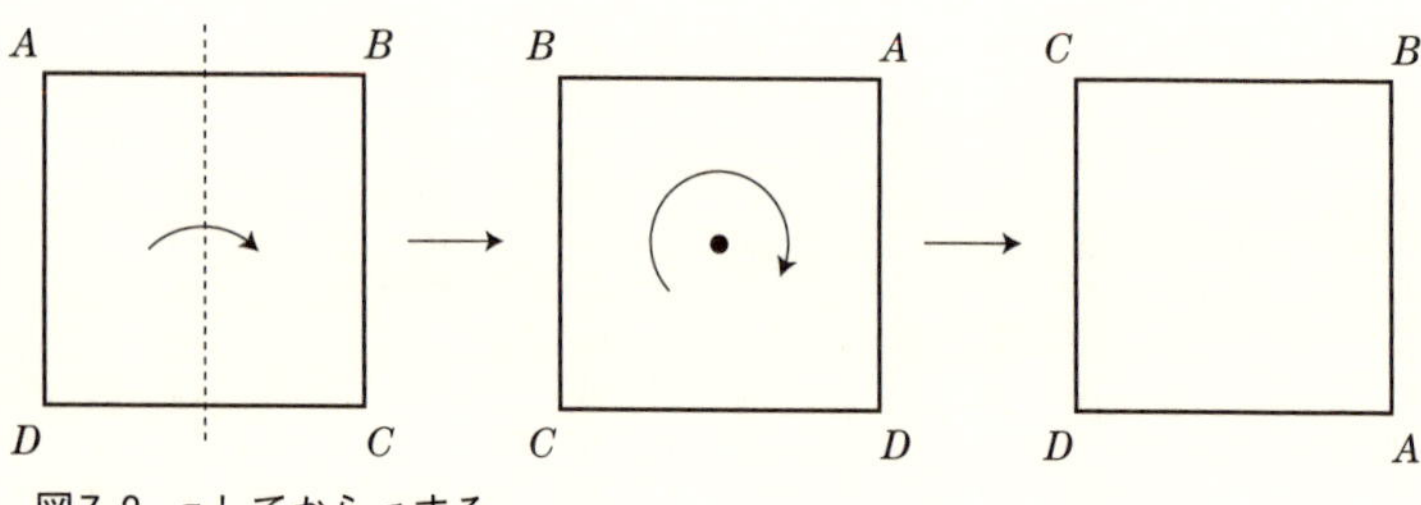

図7-2　τしてからσする

他には、どのようなことがわかるでしょうか？　差し当たって我々が検討しなければならないのは、例えば$\sigma\tau$のような、回転σと鏡映τが混ざったものです。例えば、$\sigma\tau$は「τしてからσする」ということ、つまり、縦の中線に沿って裏返してから、重心を中心にして90度時計回りに回転する、ということを意味します。ちょっと、頭の中で考えてみてください。どうなりますか？

図7－2では、これを実際に行っています。その際、以前考えたように、正方形の各頂点にA、B、C、Dというラベルをつけておいて、どの頂点がどこに行くのか、ということを逐一追跡します。こうすると、具体的にどのような動きを考えているのかが、見やすくなります。結果として得られる正方形の状態は、図7－2の一番右のものになります。これは、最初の正方形の状態（図7－2の一番左）からどのようにして得られるものでしょうか？

図7－2の一番右の正方形のラベルを見てみると、次のことがわかります。まず、右上のラベルBは、もともとの位置と同じところにあります。同様に、左下のラベルDも、もともとの位置から、変わっていません。その他のラベルはどうなっているでしょうか？　よく見ると、もともとAだった場所にCが、そして、もともとCだった場所に

Aが来ているのがわかります。

というわけで、この最後の結果は、BとDはとどまっているが、AとCの位置はひっくり返った、というものになっているわけです。ここから、この結果を導く正方形の「運動」を思い描くことは、難しくないでしょう。それは、最初の正方形を「頂点Bと頂点Dを通る対角線を軸にして鏡映（裏返し）する」ことで得られる状態と同じです。ですから、$\sigma\tau$というのも、また一つの鏡映だということになります。

特に、このことから、$\sigma\tau$を二回行うとe（なにもしない）になるという、とても重要なことがわかります。重要なので、式に書きましょう。

$$\sigma\tau\sigma\tau = e$$

ここから先は、正方形の対称性という具体的な状況を忘れて、形式的な計算だけで、物事を進めましょう。まず、右の式の両辺に、右からτをかけます。τは二つ重ねるとeになるわけですし、eはなにしろ「なにもしない」わけなので書く必要がないのですから、結果は次のようになります。

$$\sigma\tau\sigma = \tau$$

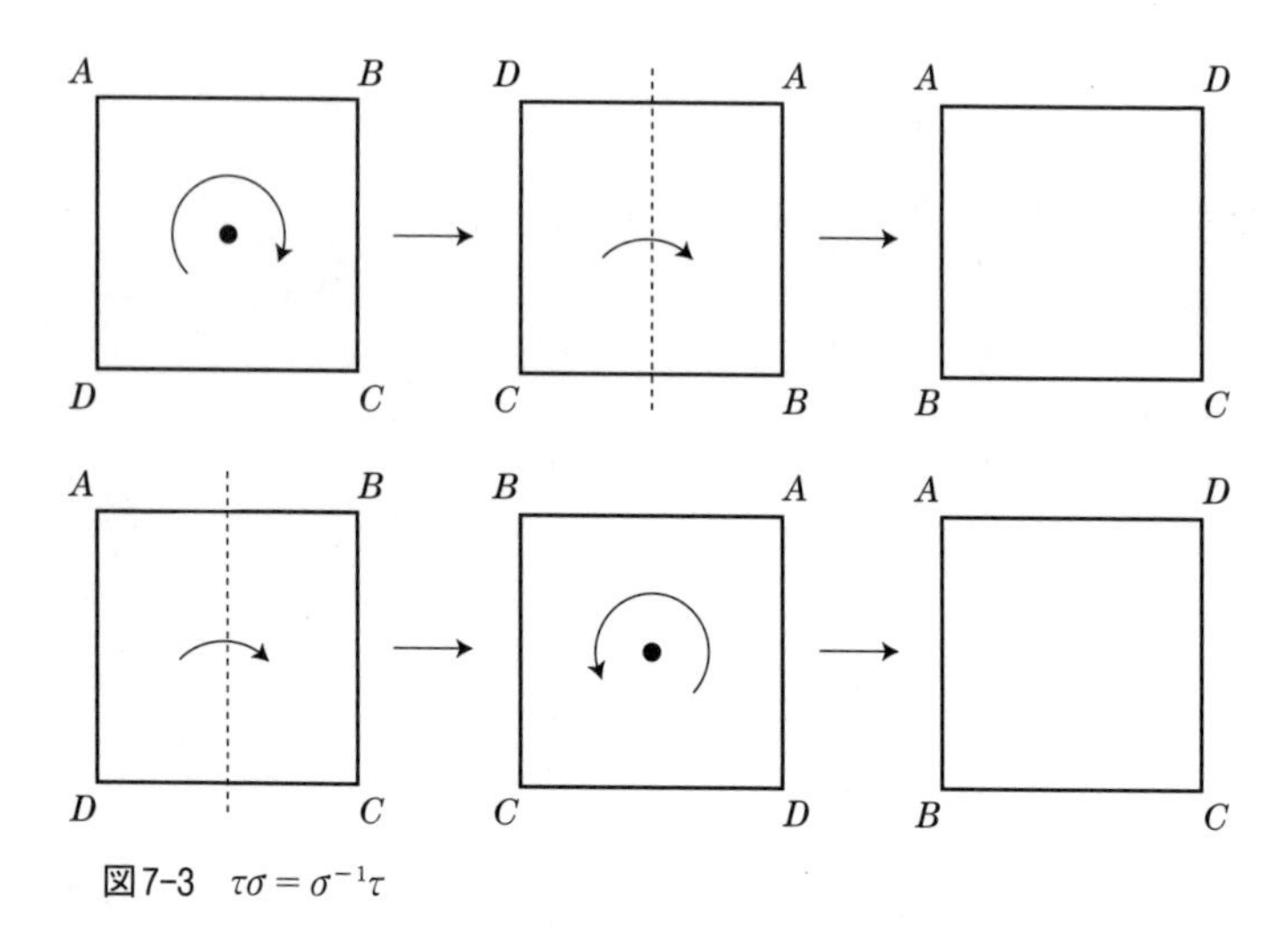

図7-3　$\tau\sigma = \sigma^{-1}\tau$

さらに、この両辺にσ^3を左からかけます。σ^3はσ^{-1}と書いてもよいです。というのも、σ^3はσの逆の要素である、つまり、かけ合わせるとeになるからです。ですから、結果として得られる式は、

$$\tau\sigma = \sigma^{-1}\tau$$

となります。

これは面白い式かもしれません。例えば、正方形の運動という当初の解釈に戻ると、これは「$\tau\sigma$」、つまり「時計回りに90度回転して縦の中線で折り返す」という運動が、「$\sigma^{-1}\tau$」、つまり「縦の中線で折り返して反時計回りに90度回転する」という運動と同じだ、ということを主張しているのです。

図7－3では、実際にそれを確かめています。上の段では「時計回りに90度回転して縦の中線で

折り返す」ということをやっています。そして、下の段で「縦の中線で折り返して反時計回りに90度回転する」を実行しています。どちらの結果も、同じになっていることに注意してください。この二つの運動の合成が、同じ結果になっていることを頭で考えるのは、結構大変だと思います。しかし、右で行った形式的な計算は、これを単なる計算という、事務的な手続きで可能にしているのです。群論の計算の威力の一端が、これでわかるのではないでしょうか。

このような式の計算を、さらに続けていくと、次のことがわかります。正方形の対称性を与える運動の全体は、

$$e,\ \sigma,\ \sigma^2,\ \sigma^3,\ \tau,\ \tau\sigma,\ \tau\sigma^2,\ \tau\sigma^3$$

の8個で、これらが正方形の「対称性の群」を与えます。最初の四つは回転で、後の四つは鏡映です。そのそれぞれが、どこを軸として折り返しているのかは、前述のように正方形を具体的に動かしてみれば、わかります。興味のある読者は、考えてみるとよいでしょう。

アーベル、非アーベル、遠アーベル

以上で我々は、二つの群の例を手に入れました。一つは「男の子の動き」から抽象して構成し

ニールス・アーベル
(1802-1829)

たもので、e、r、b、lという四つの要素から成り立っています。これは実はrのかけ合わせだけで、すべての要素が書けてしまうというタイプのもので、巡回群と呼ばれているのでした。この群を、これからはZ_4という記号で書きます。

もう一つは「正方形の対称性」から抽象したもので、四つの回転と四つの鏡映の、全部で8個の要素からできています。そして、その前半の四つの回転の部分だけを取り出すと、最初の群Z_4と、その出自となる解釈こそ異なっていますが、形式的な構造は同じものになっています。こちらの群は、以下ではD_4という記号で書くことにします。

これら二つの群は、実は群論的に重要な、ある一つの性質において異なっています。それは、「Z_4は可換だが、D_4は可換ではない」というものです。

Z_4が「可換」である、というのは、次のようなことです。Z_4に属する、勝手な二つの要素をとりましょう。例えば、rとbをとります。これらをかけ合わせる方法は、rbというものとbrというものの、二通りあります。しかし、どちらの方法をとるにしても、結果は同じで、それはlになっています。

このように、勝手な二つの要素の積の結果が、その積をとるやり方いかんにかかわらず同じであるとき、その群は「可換」と呼ばれるのです。「可換」とは「交換可能」ということです。つ

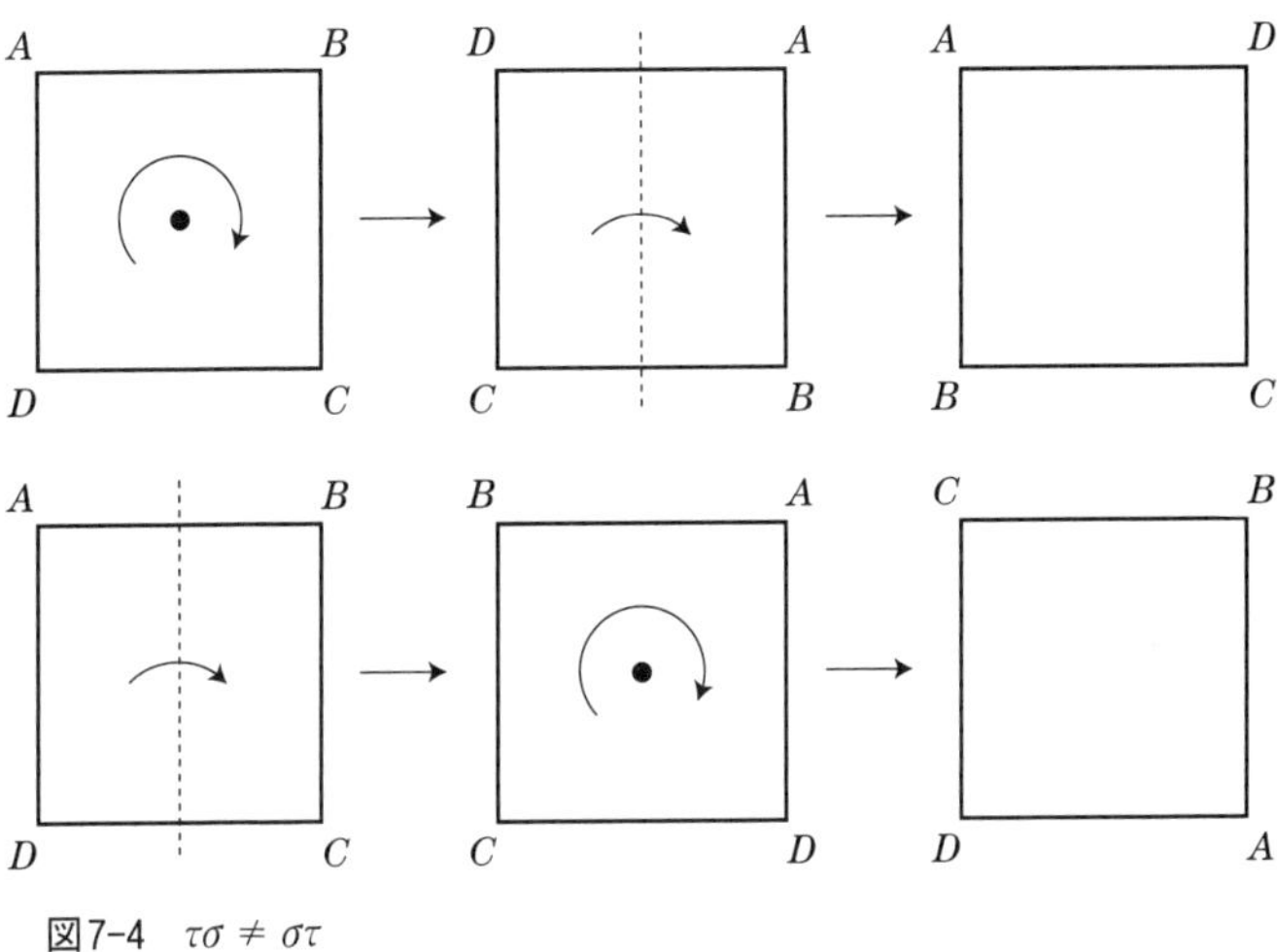

図7-4　$\tau\sigma \neq \sigma\tau$

まり、積の順序を交換しても、結果は変わらない、ということを意味しています。可換である群は「可換群」とか、「アーベル群」とか呼ばれます。アーベルというのは人名で、19世紀の初頭に生きた、ニールス・ヘンリック・アーベルという人の名前をとっています。彼は、方程式の解法の問題を考えているときに、この性質を議論に用いました。

そもそも、$\boldsymbol{Z}_4$が可換であるというのは、それが巡回群であるということから、ほとんどすぐにわかることでもあります。実際、$\boldsymbol{Z}_4$の勝手な要素は、どれもr^n（rをn回かけ合わせたもの）という形をしています。ですから、その形の要素r^nとr^mの積は、その順序によらず、r^{n+m}になります。要するに、「rをn回する」ことと「rをm回する」ことを続けて行うのですから、どちらを先にしても、結果は「rを$n+m$回する」ことになるのは当然なのです。

しかし、もう一つの群である$\boldsymbol{D}_4$の方は、実は可換ではありません。例えば、$\tau\sigma$と$\sigma\tau$は、実は異なっています。これは、例えば、図7－4に示したような、具体的な試行によって確かめられます。この図の一番右に描かれている、二つの正方形を見てみると、ラベルの付き方が異なっているのがわかります。つまり、σ（時計回りの90度回転）をしてからτ（縦の中線での折り返し）をすることと、τをしてからσすることとでは、結果が異なっているわけです。ですから、これらは群の要素として異なっていなければなりません。

というわけで、D_4（正方形の対称性の群）は可換群ではないことがわかります。もちろん、群の構造の複雑さという観点からは、可換な群よりも可換でない群の方が複雑であるのは言うまでもありません。ですから、Z_4に比べてD_4は、単に後者の方が前者より要素の個数が多いということ以上の、構造上の本質的な複雑さがあります。

前章の終わりで、「対称性通信の正確さは、伝達する対称性の群の構造の複雑さに依存する」と述べましたが、そこで問題となっている「構造の複雑さ」の一端が、実はここにあります。前章では正方形という図形を、対称性のみの情報によって通信・復元する、ということを考えましたが、すでにそこで、回転だけの群、つまりZ_4だけを通信するよりも、D_4全部を伝えた方が、比較の上ではより正確な復元が見込めることが明らかとなっていました。実際、図6－6の左側に描いたような復元図形は、回転対称性だけを考えると排除できませんが、鏡映をも含めた正方形の対称性全体の群D_4によっては排除することができます。このように、対称性の種類を増やして、その全体が複雑になればなるほど、通信の正確さが増すというわけです。そして、対称性の種類を増やして、その全体が複雑になればなるほど、考えている群は可換ではなくなる傾向にありますし、どんどんその構造は複雑になっていきます。

第3章では、「遠アーベル幾何学」というものについて、少しだけ触れました。そこでは、数論幾何学や代数幾何学に現れる対象（スキームとか代数多様体とか呼ばれるもの）を、その対称性だけから復元する、ということが考察されており、復元が正確にできるためには、その対称性の群が「十分に豊かで複雑」であることが要求されていたと思います。そして、その「十分に豊かで複雑」である構造というのが、標語的に「遠アーベル的」と呼ばれているわけですが、その意味は、「アーベル的」つまり可換であるという状況から、十分に「遠い」ということです。その場合には、対称性の群を通信によって相手に知らせて、それを受け取った人は、それをもとにして、もともとの対象を復元するという「対称性通信」が、かなりの程度うまくいきます。

文字の置き換えゲーム

群をめぐる様々な数学上の事実には、興味の尽きないものが数多くあります。そして、その多くは、いままで我々が見てきたように、あまり技術的に難しい議論をしなくても、その魅力が伝わるものも多いのです。ですので、もう少し、「群」というこの興味深い数学の対象について、議論を深めましょう。そうすることで、IUT理論がその「宇宙間通信」に、なぜ対称性という媒体を利用するのか、という問いに対して、ある程度の解答を与えることができるからです。

まず、すでに取り上げた「正方形の対称性の群」D_4を考えましょう。この群の各要素は、いままでにも何度か具体的に見てきたような、正方形の回転や鏡映といった、正方形の運動によって書かれます。ところで、それらの対称性を与える運動は、いままでやってきたように、正方形の各頂点にA、B、C、Dというラベルをつけると、これらのラベルの付き方の変化という形で記述することもできます。

実際にやってみましょう。まず、σ（時計回りの90度回転）を考えます。図6－3を見ると、ラベルの付き方の変化を読み取ることができます。回転によって、もともと（時計回りにラベルを読んで）$ABCD$の順番にならんでいたラベルは、$DABC$というラベル付けに変化しました。これはつまり、Aがあった場所にDが、Bがあった場所にAが、Cがあった場所にBが、そしてDがあった場所にCが、それぞれやって来たということです。

この置き換えを、文字の種類によらない形で書くと、次のようになります。σは、文字列の左から数えて、

・1番目の文字を2番目に（つまり、AをBがあった場所に）
・2番目の文字を3番目に（つまり、BをCがあった場所に）
・3番目の文字を4番目に（つまり、CをDがあった場所に）
・4番目の文字を1番目に（つまり、DをAがあった場所に）

それぞれ割り当てることで、文字列の置き換えをします。

逆に、純粋にラベルという文字列の変化として、右のような置き換えをさせるような正方形の

$e \leftrightarrow (ABCD)$　$\sigma \leftrightarrow (DABC)$　$\sigma^2 \leftrightarrow (CDAB)$　$\sigma^3 \leftrightarrow (BCDA)$

$\tau \leftrightarrow (BADC)$　$\tau\sigma \leftrightarrow (ADCB)$　$\tau\sigma^2 \leftrightarrow (DCBA)$　$\tau\sigma^3 \leftrightarrow (CBAD)$

D_4の要素に対応する順列

運動は、σ（時計回りの90度回転）しかないことは明らかです。ですから、「正方形の回転」という具体的な状況は、ここですっかり忘れてしまって、単に「文字の置き換え」として右のようにする、という「行為」をσの解釈に採用してしまってもよいことがわかります。

同様にτの方も「文字の置き換え」で表現できます。図6－3の下の段の図から、これは「$ABCD$を$BADC$に置き換える行為」として解釈できるわけです。すなわち、

・1番目の文字を2番目に
・2番目の文字を1番目に
・3番目の文字を4番目に
・4番目の文字を3番目に

それぞれ割り当てるというものです。

前にも述べたように、群というものは、形式的な記号の計算によっていろいろと結果が出てしまうという「形式的・抽象的」な側面をもちながら（というより、もっているからこそ）、多様な解釈や表現が可能になります。我々はいま、D_4という群を「A、B、C、Dという文字の置き換え」によって表現しているわけですが、この表現によっても、いままで述べたような計算を確かめたり、解釈したりすることができます。

例えば、σを二回続けると、どうなるでしょうか。σは1番目の文字を2番目に割り当て、2番目の文字を3番目に割り当てます。ですから、σを二回続けたσ^2は、1番目の文字を3番目に割り当てます。同様に考えれば、σ^2は、

・1番目の文字を3番目に
・2番目の文字を4番目に
・3番目の文字を1番目に
・4番目の文字を2番目に

それぞれ割り当てます。ですから、これを$ABCD$に適用すると、結果は$CDAB$となります。これにもう一度、σと同じ文字の置き換えを施すと、結果は$BCDA$となりますが、これはσ^3に対応する文字列です。さらにもう一度、同じ置き換えを施すと、結果は$ABCD$になって、もとに戻ります。これは、もちろん、σを四回続けてかけ合わせると、e（なにもしない）になることを表しています。

いずれにしても、このようにして、D_4のすべての要素に対して、対応する文字列（$ABCD$の順列）を書き出すことができます。結果は囲み記事『D_4の要素に対応する順列』に示した通りです。

対称群

「何番目の文字を何番目に」という動きは、次のように、簡単な図を使って表現すると、わかりやすいでしょう。例えば、σについては、次のような図で表現します。

$$\begin{array}{ccc} 4 & \longrightarrow & 1 \\ 3 & \longrightarrow & 4 \\ 2 & \longrightarrow & 3 \\ 1 & \xrightarrow{\sigma} & 2 \end{array}$$

これは、もちろん、σが1番目の文字を2番目に、2番目の文字を3番目になどという置き換えをすることを表現した図です。

同じようにτを表現すると、

$$\begin{array}{ccc} 4 & \longrightarrow & 3 \\ 3 & \longrightarrow & 4 \\ 2 & \longrightarrow & 1 \\ 1 & \xrightarrow{\tau} & 2 \end{array}$$

となります。

このような書き方は、ちょっと便利です。実際、これは数の並べ替えを、直観的にも見やすく表示してくれるからです。例えば、$\tau\sigma$を計算するなら、次のようにすればよいです。

$$\begin{array}{ccccc} 4 & \longrightarrow & 1 & \longrightarrow & 2 \\ 3 & \longrightarrow & 4 & \longrightarrow & 3 \\ 2 & \longrightarrow & 3 & \longrightarrow & 4 \\ 1 & \xrightarrow{\sigma} & 2 & \xrightarrow{\tau} & 1 \end{array}$$

$$e \leftrightarrow \begin{pmatrix} 1\,2\,3\,4 \\ 1\,2\,3\,4 \end{pmatrix} \quad \sigma \leftrightarrow \begin{pmatrix} 1\,2\,3\,4 \\ 2\,3\,4\,1 \end{pmatrix} \quad \sigma^2 \leftrightarrow \begin{pmatrix} 1\,2\,3\,4 \\ 3\,4\,1\,2 \end{pmatrix} \quad \sigma^3 \leftrightarrow \begin{pmatrix} 1\,2\,3\,4 \\ 4\,1\,2\,3 \end{pmatrix}$$

$$\tau \leftrightarrow \begin{pmatrix} 1\,2\,3\,4 \\ 2\,1\,4\,3 \end{pmatrix} \quad \tau\sigma \leftrightarrow \begin{pmatrix} 1\,2\,3\,4 \\ 1\,4\,3\,2 \end{pmatrix} \quad \tau\sigma^2 \leftrightarrow \begin{pmatrix} 1\,2\,3\,4 \\ 4\,3\,2\,1 \end{pmatrix} \quad \tau\sigma^3 \leftrightarrow \begin{pmatrix} 1\,2\,3\,4 \\ 3\,2\,1\,4 \end{pmatrix}$$

D_4の要素の置換による表現

上の段でσを、下の段ではτを施しています。ですから、$\tau\sigma$という要素は、

$$\begin{array}{cccc} 1 & 2 & 3 & 4 \\ \tau\sigma\downarrow & \downarrow & \downarrow & \downarrow \\ 1 & 4 & 3 & 2 \end{array}$$

に対応しているということがわかります。

ところで、これらの書き方をする上で重要なことは、例えば、1という数が、矢印によって1から4までの、どの数につながっているかだけがわかれば十分だということです。ですから、このような書き方で「文字の置き換え」を表現するなら、矢印は必要ありません。例えばσだったら、単に、

$$\begin{pmatrix} 1\,2\,3\,4 \\ 2\,3\,4\,1 \end{pmatrix}$$

のように書いてしまえば十分です。この省略形の書き方では、上の段のそれぞれの数は、そのすぐ下の数につながります。ですから、これは1番目の文字を2番目に、2番目の文字を3番目に…という、σによる文字の置

き換えを表している、と考えるわけです。このような書き方をした場合の、それぞれの要素の表現は、また囲み記事『D_4の要素の置換による表現』のようになります。この書き方においては、下の段の数字のならびは、上の段のそれの順列になっています。

ところで、1、2、3、4という四つの数字の順列の個数は、全部で何通りあるでしょうか？このような問題は、高校の数学で教わったので、憶（おぼ）えているという読者も多いかもしれません。答えは24通りです。最初に1番目の数を選びます。それは1、2、3、4の中から一つ選ぶわけですから、4通りです。次に2番目の数を選びます。それは四つの数から、すでに選ばれている一つを除いた、三つの中から選ぶわけですから3通りということになります。3番目に選ぶ数は、残りの二つの中から選ぶので2通り。最後の4番目に選ばれる数は、残りの一つに決まるので1通りです。以上で、可能な選び方は、

$$4 \times 3 \times 2 \times 1 = 24$$

つまり24通りということになります。

一般にn個の文字の順列の個数は、同じように考えて、

$$n \times (n-1) \times \cdots \times 3 \times 2 \times 1$$

だけあることがわかります。この数は、「nの階乗」と呼ばれて、記号では「$n!$」と書くのも、知っている人は多いかもしれません。

いずれにしても、1、2、3、4という四つの数の並べ替え全部の個数は24個です。右では正方形の対称性から出発して8個の要素をもつ群を作り、そこから1、2、3、4の並べ替えという表現を8個作りました。そして、純粋に群というものの構造を考えるだけなら、「正方形の対称性」という出自を忘れてもよい、という意味のことも述べました。正方形の対称性という出発点にこだわらないなら、全部で24個あるすべての順列について、群を考えることができます。それは1、2、3、4という数のならびを、任意の順列に写します。例えば、

$$\begin{pmatrix}1&2&3&4\\2&3&1&4\end{pmatrix}$$

というものを考えることもできますが、これはD_4の8個の要素のどれにも対応していません。つまり、正方形の回転や鏡映では、実現できない置換だということになります。

すべての順列に置換する24個の要素からなる群は「4次対称群」と呼ばれ、記号では「S_4」と書かれます。

抽象的な群

以上で、我々は次の三つの群を得ました。

- Z_4 ― 位数4の巡回群（4）
- D_4 ― 4次の二面体群（8）
- S_4 ― 4次対称群（24）

カッコの中の数字は、それぞれの群の要素の個数です。Z_4はアーベル群（可換群）で、一つの要素の積ですべての要素ができてしまうという、とても構造が簡単な群です。D_4はそこまで簡単なものではありません。それはアーベル群ではありませんし、その要素のすべてを構成するには、（σとτという）少なくとも二つの要素が必要です。S_4はさらに構造が複雑になります。もちろん、可換ではありません。

そして、ここが群論の重要なところであり、醍醐味なのですが、これらの群は、例えば正方形などの図形の対称性を表しているだけではなく、文字の並べ替えや、男の子の運動などといった、多種多様なものの運動や操作、動きなどで表現することが可能です。それら具体的な表現や解釈によらない、抽象的な構造として、群という概念があります。それが抽象的で、形式的な記号の演算で書かれているからこそ、それは我々の予想をはるかに超えるような、多様な応用をもつのです。

例えば、S_4は四つの文字の置換という「操作」によって解釈される群ですし、その解釈が一番わかりやすいものであることは、もちろんのことでしょう。しかし、S_4も、これとは一見異なる解釈をもっています。例えば、それは立方体の回転対称性の群としても解釈できます。興味のある読者は、立方体をいろいろに回転する方法を考えてみてください。それは（もちろん「なにもしない」を含めて）24通りあります。そして、立方体の4本の対角線が、それぞれの回転でどのように動くかを見れば、正方形の回転で四つの頂点の動きをみてZ_4ができるように、S_4が作られます。

以上、群論という理論への入門として、主に三つの群を具体的に考察してきました。しかし、もちろん、群というものが、これだけで尽きるわけではありません。世の中には途方もなく多くの種類の群があり、そのそれぞれが深い構造を持っています。そのすべてについて語ることはできませんが、最後に一つだけ、述べておきましょう。実は、第2章で述べた「楕円曲線」も群です。第2章では、楕円曲線が、いわゆる「楕円曲線暗号」という形で、我々の身近に応用されていることを述べましたが、実は、その暗号技術には、楕円曲線の群としての構造が使われています。ですから、楕円曲線と同様に群も、その抽象的な外見にもかかわらず、我々のすぐ身近で使われているものなのです。

対称性は壁を越える

右で述べたように、同じ群でも、その解釈によっては、文字列の入れ替えという「操作」による群と解釈されたり、図形の対称性を与える「運動」の群であったり、あるいは、男の子の「行為」の集まりとして解釈されたり、いろいろな見方ができます。しかし、このように、具体的な「モノ」の動きというレベルでは、まったく異なっているように見えても、しかし、その「構造」というか、群の演算によって形式的に計算できる内容は、共有されています。ですから、ある解釈Aでの事実を、別の解釈Bに翻訳して理解することもできます。

つまり、群という構造は、異なる解釈の間を行き来することができる、もう少し言えば、それら異なる解釈という「舞台」の間を、自由に行き来することができるわけです。そういう意味では、群は「舞台と舞台の間の壁を越える」のです。

群は、対称性という性質に即して、構成されます。ですから、これは「対称性は壁を越える」ということを意味しています。対称性にしても、それを与える運動や操作にしても、それらは確かに「モノ」にまとわりついているのですが、しかし「モノ」ではないのです。それは「モノ」

の属性としては、非常に柔軟性の高いものです。ですから、それは異なる舞台の間の通信に使うことができるでしょう。そして、舞台間の様々な障壁を越えて、両者の通信を可能にする上で、群という抽象的な概念は、とても優れた働きをします。

実際、

「右を向く」を二回続けることは、「後ろを向く」をすることと同じ。

という形では、言葉を伝えなければなりませんから、言語を共有できなければ通信はできません。しかし、

$$rr = b$$

などというシンプルな記号で書けば、それが壁の向こう側でも、正しく意味が見出(みいだ)される可能性は、ずっと高くなります。

もちろん、その高い柔軟性のために、通信が不完全になることは大いにあり得ます。三角形の対称性の群として送った記号の列が、壁の向こうのもう一つの宇宙では、文字列の入れ替えの群と解釈される可能性は十分あるわけです。このことがＩＵＴ理論の「対称性通信」における不定性や、「ひずみ」というものの説明になっているわけではありませんが、対称性による通信が、常にある程度の不定性に晒(さら)されていることの、わかりやすい説明にはなり得ます。

対称性通信によって、群の「構造」が伝えられます。それは様々な「モノ」にまつわる解釈を

許容するからこそ、非常に柔軟です。ですから、それは舞台と舞台の間の壁を越えることができます。しかし、同時に、その高い抽象性のために、不定性が生じるというわけです。そして、その不定性を定量的に計測するということに、ＩＵＴ理論の本質の一つがあるのです。

モノにまとわりついてはいるが、モノそのものではない。だから、それはモノが越えられない障壁を越えることができる。対称性やその群の、このように不思議で有用な特徴が、ＩＵＴ理論において、その異なる宇宙の間の通信に、対称性の群が使われる理由です。

そして、その通信をより正確にするために、群を受信して「復元」するという段階においては、今までにも何度か出てきた「遠アーベル幾何学」が用いられます。遠アーベル幾何学は、「遠アーベル的」、つまり可換という状況から十分遠い群から、数論幾何学的対称を復元する数学です。群が遠アーベル、つまり十分に複雑であれば、そこから復元のために得られる情報は多くなりますので、復元はより正確になるというわけでした。

以上が、ＩＵＴ理論において非常に重要となる「舞台間通信」のからくりです。こうして、我々は、ＩＵＴ理論が、

- たし算とかけ算の絡み合いという正則構造を打破するために、複数の数学舞台を設定すること
- それらの舞台の間の関係を構築するために、「対称性通信」をすること
- そして、その対称性通信という「壁超え」を可能にし、正確な通信を実現するために、十分

に複雑な構造をもつ群による「遠アーベル幾何学」を応用すること
を見てきました。こうして、IUT理論本体の概略的理解をする上で必要な道具立ては、ある程度出揃ったことになります。次章では、これらを踏まえて、いよいよIUT理論がいかにして、第5章の終わりに示したような不等式を導き出そうとするのか、という話に入りたいと思います。

ガロア理論と「復元」

ですが、その前に、ちょっと「群による復元」ということについて、歴史的なコメントを付け加えておきたいと思います。実は、群を使ってなにかを復元するという考え方は、遠アーベル幾何学やIUT理論が初めてだというわけではありません。むしろ、それは群という概念が初めて考えられた当初からあった発想です。「群」という概念を作ったのは、エヴァリスト・ガロアという人です。この人は、いまから200年ほど前に、フランスにいた人なのですが、この人が発見した、いわゆる「ガロア理論」という理論の中にも、このようなアイデアは、すでに現れています。

この本は「ガロア理論」についての本ではないので、これについて詳しくは説明しません。ですが、ガロア理論というのは、基本的にどういうことを行う理論かということだけ、述べておきます。専門的な用語はわからなくても構いませんので、気楽に読み進んでください。

ガロア理論が相手にするのは、中学や高校でも習った、一次方程式や二次方程式や三次方程式といった、いわゆる「代数方程式」です。もう少し、詳しく言うと、それは一つの変数xについての多項式イコール0という形の方程式で、それを満たす未知数xの値を求める問題です。基本的には、それがn次の代数方程式だったら、たかだかn個の解をもちます。もちろん、実数解か否かとか、あるいは重解があったりとかもあり得ます。しかし、解の範囲を複素数にまで広げれば、重解による重複も数えて、ちょうどn個の解があります。いま、ここで複素数の話が出てしまいましたが、あまり気にしなくても結構です。要するに、「n個の解をもつ」という場合を考えている、と思ってもらって構いません。

ガロア理論では、このn個の解の並べ方を考えて、その順番を入れ替えるという「操作」を考えます。そして、そのような操作の中で、数のたし算やかけ算と整合的なもの全体を考えると、群が得られます。この群は、代数方程式の「ガロア群」と呼ばれます。これはガロア理論において、非常に重要な対象です。ガロア理論はこれを用いてどういうことを我々に教えてくれるかというと、基本的にこのガロア群という対称性の群が、この方程式の解き方、すなわちこの根に至る道筋というものを握っている、つまり、「解き方を復元する」ということなのです。

たとえば、5次以上の一般代数方程式は、代数的には解けない、つまり、たし算、引き算、かけ算、

エヴァリスト・ガロア
(1811－1832)

割り算、そして「べき根を開く」という計算だけで、その解の公式を書き下すことはできない、という定理があります。読者の中にも、この定理を知っているという人もいることでしょう。この定理が主張していることは、つまり、5次以上の方程式のガロア群がその解き方の復元として、我々に教えてくれる情報を見れば、必然的にその解き方は代数的なものには、一般にはなれないということなのです。

このように、実は、群にまつわる過去のいろいろな理論の中にも、「群による復元」という考え方が使われていることが多いのです。それを具体的に、というか、非常に明示的な形で利用したのがIUT理論なんだ、という言い方もできると思います。

ちなみに、このガロアという人ですが、数学愛好家の方ならよくご存知の、とても有名な人です。彼は数学の世界に不朽の足跡を遺(のこ)しましたが、それだけでなく、その人生も非常に特徴的です。彼は、20歳のときに、ピストルを使った決闘で死亡しました。20歳で死ぬまでの間にこれほどの数学上の深い業績を遺したわけですから、どれだけ天才かと驚きますが、それだけではなくて、実は政治活動家としても非常に波乱万丈な人生を送った人なのです。その人生については、いろいろな人が本に書いていますから、まだ知らない人は、読んでみると面白いと思います。数学者の人生、それも第一級の数学者で、しかも、19世紀前半のフランスという、様々な意味で困難な時代を生き抜いた、そして決闘に斃(たお)れた、波乱万丈のノンフィクションです。不滅の業績、過激な政治活動、不遇への焦りといらだち、実らなかった恋など、そこには本当にいろいろな人生模様があります。きっと、誰でも、その物語に引き込まれることでしょう(6)。

（6）　手前味噌ながら、筆者もガロアの生涯について一冊書いていますので、紹介しておきます。拙著『ガロア——天才数学者の生涯』中公新書、中央公論新社、２０１０年。

第8章 伝達・復元・ひずみ

IUT理論がやろうとしていること

望月教授のIUT理論がやろうとしていることを、だれにでもわかるようにわかりやすく解説し、ひいてはそれが数学に起こそうとしている革命の意味をも説明しようとしている、この本の内容も、いよいよ佳境に入ってきました。いよいよ我々は、いままでの準備を踏まえて、IUT理論がいったいどのような問題を、どのようにして解いていこうとするのかという、多少なりとも具体的なやり方を考えていきたいと思います。

その際、以前注意したことですが、この本の興味の中心は、ABC予想の「解き方」などというものではなくて、その根本にあるIUT理論がどのような理論なのか、その発想がどのように斬新なものなのか、ということにあります。それが数学の世界に、どのような形で新しい風を吹き込み、数学の歴史上にも類例を見ないような、抜本的な革命を起こそうとしているか、といったことに興味があるのです。

ABC予想にどのようにアタックするのか、というのは、数学を愛好する人にとっては、もちろん興味のあることだと思いますが、ＩＵＴ理論の中心的な結果からそこにいたる道は、ＩＵＴ理論そのものの計り知れない意義との比較で言えば、どちらかというと技術的な問題です。ですから、我々の興味は、むしろＩＵＴ理論本体の意義、それも数学的に技術的になり過ぎない「基本思想」にあります。そして、その前提に立って、ＩＵＴ理論がどのようなことを考え、どのようなことを目論(もくろ)んでいるのかを、大局的な視点から、明らかにしてきたわけです。この章では、ここからさらに進んで、それらの目論見を実現するための手順を、もう少し具体的に、モデル的な比喩(ひゆ)を交えて説明しようと思います。

さて、いままでの話で、ＩＵＴ理論がやろうとしていることは、次の三つであることは、かなりの程度明らかになったと思われます。

- 異なる数学の舞台を設定して、対称性を通信すること。
- 受信した対称性から、対象を復元すること。
- そうして生じる、復元の不定性を定量的に計測すること。

つまり、ＩＵＴ理論が、その基礎にもっているキーワードは、

伝達・復元・ひずみ

の三つの言葉ということになります。

思い出しましょう。これらの言葉は、複数の数学の舞台、つまり数学をするための一式の世界

を複数用意するという、IUT理論による史上初めての試みがあってこそ、重要なのでした。つまり、これらのキーワードは、「IUT的な数学」が「従来の数学」と抜本的に異なっていることから生じるものです。

実際、「IUT的な数学」と「従来の数学」は、どのように異なっていたのでしょうか？　ジグソーパズルの例を思い出してください。そこでは、大きさの異なるピースをはめるという、普通のやり方では、絶対に無理なことが目論まれていました。どうして、絶対に無理だったのか、というと、従来の数学は一つの舞台の上にしばられていたからです。

もちろん、そのような従来の数学の枠内で、数学は驚くほど豊かな発展をしてきました。しかし、IUT理論は、複数の数学の舞台を考えることによって、それまでの数学にはなかった、つまりそれまでの数学の常識を超えた、新しい柔軟性を実現しようとしていたのです。具体的には、「たし算とかけ算を分離する」ということを実現しようとしているわけで、これは「正則構造」を維持する通常の数学の枠内では、完全に矛盾してしまうのでした。複数の数学の宇宙を考えるからこそ、このような、一見あり得ないようなことが、実現できる可能性が開けるのです。

目指す不等式

ここで重要なことは、いかに斬新で、革命的なIUT理論といえども、最終的に結論として出力したいことは、普通の意味での不等式である、ということです。つまり、第5章の終わりに出てきた、

$$\deg \Theta \leqq \deg q + c$$

という不等式です。

これは、証明するのはとても難しい不等式なのですが、しかし、普通の意味での不等式であることに変わりはありません。そのような「普通の意味での」不等式を、従来は「一つの数学舞台」という舞台装置の中で証明しようとしていました。そして、もしかしたら、そのやり方でも、いつかは証明できるかもしれません。しかし、いつまでたっても、できないかもしれない。IUT理論は、このような現状に対して、複数の数学の舞台装置を考えることで、それまでになかった、議論の自由度を実現しようとするわけです。

それは、もしかしたら「巨大な遠回り」かもしれませんし、本当は不必要なことだったと、将来明らかになるかもしれません。しかし、従来の数学にはなかった新しい道筋を示す、ということだけでも、IUT理論の人類的な意義があるのだと思います。いずれにしても、IUT理論は、本当は不必要かもしれないが、複数の宇宙、複数の舞台を経由するという「巨大な迂回路（うかいろ）」を使って得られた、非常識な柔軟性を使って、いままで証明されてこなかった難しい不等式を導こうという、そういうアプローチの理論なのです。

そこで、「舞台」とはなんだったでしょうか？　それは、通常の数学一式、普通にたし算とかけ算が同時に行える世界、というものでした。それで、ＩＵＴ理論では、このような数学の舞台を、複数考えるというわけです。このことは、いままでにも何度も強調してきたことですから、ここまで読んできた読者にとっては、もうわかりきったことになっていることでしょう。

では、いきなり具体的な話になりますが、ＩＵＴ理論が具体的に行う計算例について述べることにしましょう。まず、状況設定から入ります。すぐ前の不等式にも出てきましたが、

$$q$$

と書かれる、ある計算手順で計算できる一般的な量を考えます。我々は、この量が一律に小さいということを証明したいのです。非常に大雑把な言い方ですが、このqという量を、ある種の不等式で押さえたい、ということを考えます。それができれば、例えばＡＢＣ予想のような、重要な予想にかなり近づいていくことができる、というものです。

前にも述べたことですが、もしかすると、そういうことを証明するのは、従来的な一つの舞台で行う数学でも、可能なのかもしれません。しかし、知られている限りでは、これはとても難しくて、まだだれもやったことがありません。ＩＵＴ理論は、これに対して、どのようにアプローチするのでしょうか？

qが小さいことを言いたいのです。それが究極の目標です。対数をご存知の人だったら、$\log(q)$

が小さいことを証明すればいいのだ、ということになります。対数**log**をご存知でない人も、ここはあまり気にしなくていいです。要するに、qと似たようなものだと思っておいて、気楽に考えてもらって結構です。ただ、この$\log(q)$という数が「小さい」ことを証明するためには、どのようなことを議論すればよいのか、ということだけが重要です。

そのためには、いろいろなやり方があるでしょう。しかし、ここでは次のような考え方をします。小さいことを証明した量があったら、それをまずN倍します。Nというのは、さしあたり自然数でけっこうです。1よりも大きい整数です。もし、$\log(q)$がとても小さいなら、それは2倍しても、3倍しても、その大きさはあまり変わらず、小さいままでしょう。つまり、小さい数なら、N倍してもあまり大きくはならない、ということです。我々は、この性質を逆手に使います。つまり、「N倍してもあまり大きくはならない」ことを示すことによって、問題の数が小さいことを示すのです。

ですから、少なくとも希望的観測としては、

$$N\log(q) \fallingdotseq \log(q)$$

という式が、欲しい式ということになります。つまり、N倍しても、N倍する前とあまり変化がない、あっても軽微な差しかない、ということです。具体的には、例えば、

$$N\log(q) < \log(q) + c$$

という形の不等式が得られれば、そこから簡単な式変形で、

$$\log(q) < \frac{c}{N-1}$$

が得られ、希望通りに、$\log(q)$は小さい、よってqは小さいということになるわけです。

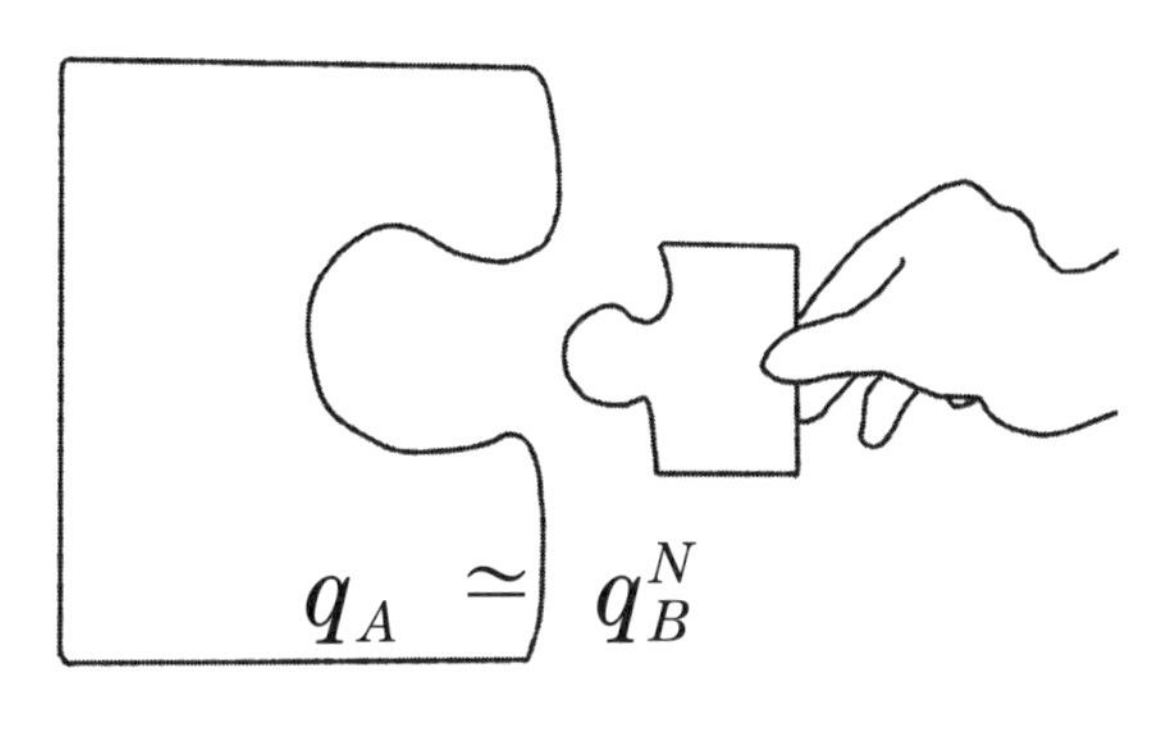

図8-1　異なる数学の舞台のピースをはめる

異なる数学の「舞台」のパズルのピース

したがって、証明したいことというのは、この「qの対数」を何倍かしても、あんまり大きさは変わらない、つまり、ほぼ一致しているということです。対数について知っている方ならわかると思うのですが、これは、qという数をN乗しても、もともとのqとはあまり変わらないということです。つまり、q^Nとqが「ほぼ等しい」という形の式が欲しいわけです。

問題は、それを証明するのが、そのままでは、たいていはとても難しいということにあります。ABC予想が、いままでだれにも解かれてこなかったのも、このようなことに起因している、というわけなのです。ですから、それを「複数の舞台」を想定した、大掛かりな道具立ての中で、やってしまおうというわけです。そして、ここで以前見た、あの「大きさの異なるパズルのピース」の話に戻ります(図8－1参照)。

いま、二つの異なる舞台、舞台Aと舞台Bを考えます。どちらも普通の数学の宇宙一式です。ですから、それぞれにqと《同じ》コピーがあります。舞台Aと舞台Bで、それぞれ同じqを考えて、それらを記号の上で区別するために、それぞれq_Aとq_Bと書きます。これは《同じ》qなのですが、それらが属している舞台が異なっていますので、そのままでははまらないのでした。というわけで、図8－1のような状況になってしまうわけです。

これらを「はめる」ために、第5章では、映像の中に映像が入れ子になっているという状況に喩えて、少し左側のピースを映像的に見かけを小さくして、形式的にはめるということを考えました（図5－6）。それは形式的なことなのですが、そのような形で形式的な関係付けを施すことが必要です。それが「テータリンク」と呼ばれているものでした。テータリンクは形式的な操作なので、望月教授自身によっても、いろいろな表現で喩えられていました。最近の人気テレビドラマに関連して、「契約結婚」と喩えられたこともあったことは、以前も述べた通りです。

このような形式的なリンクを通じて、舞台Aのq_Aと、舞台Bのq_Bでは、後者のN乗が前者に対応している、という状況を考えます。図8－1の≃という記号は、この「対応している」という意味の記号だと思ってください。

ただ、これは先ほどのように、入れ子の映像を使って、見かけ上はまっているように見せる、ということと同じようなもので、基本的には形式的な対応関係です。ですから、まだ望みの式が得られているわけではありません。左のq_Aと右のq_Bは、《同じ》qのコピーではありますが、異なる宇宙に属しているので、互いに異なったものです。この宇宙にいるあなたと、並行宇宙にいるあなたとは同じ人のようなもので、それは違う人なのです。ただ、重要なことは、右側のqのコピーはN乗されているということです。対数をとれば、N倍されているということです。

対称性通信と計算

この状態で、今度は、舞台Aと舞台Bの間で「対称性通信」をしながら、一斉に同じ計算をしていきます。お互い携帯電話で連絡を取り合いながら、紙に同じ計算をするような状況を、思い浮かべてください。彼らは、なにしろ、計算の手順の一つ一つを、連絡を取り合いながら実行していきますから、その結果も同じになるものと期待できるでしょう。そうすると、舞台Aにおけるq_AのN乗と、舞台Bにおけるq_BのN乗は、ほぼ等しいという結論を得るに違いありません。

つまり、二つの入れ子舞台の間で、形式的に、

$$q_B^N \simeq q_A$$

という関係を取り決めておいて、その状況のもとで、互いに計算を通信しあいながら、

$$q_B^N \fallingdotseq q_A^N$$

という結果を得るわけです。そうすると、舞台Aの人にとっては、この二つの式を併せて考えれば、

q_A^N と q_A は「ほぼ等しい」

という、望み通りの式を得ることができます。

とまぁ、こんな具合で、複数の数学の舞台を駆使すれば、難しかった式も、この通り示されてしまうというわけですが、もちろん、こんな魔法が調子よく、軽々に使えるというわけではありません。理念的にも技術的にも、気をつけなければならないところは、たくさんあります。

実際、この議論は「舞台Aにおけるqには、舞台Bにおけるq^Nを対応させる」という、少なくとも単一の数学の環境の中ではあり得ない、「非常識な」状況設定からスタートします。ですから、この初期状態の中では、当然のことながら、それぞれの舞台の間で多くのことを両立させることはできません。

特に、舞台Aと舞台Bでは、それぞれの数学の「正則構造」を共有することはできません。つまり、「たし算とかけ算」の両方に両立するような関係を結ぶことは、できないのです。したがって、この状況で舞台Aと舞台Bの間で「通信」を行いながら、同時並行で計算を進めていく、と言っても、その通信は、あまり多くのことを正確に伝えてしまってはいけないのです。いつもの数学がやっているような、たし算とかけ算を、すべて同時に、縦横無尽に行うような同期をし

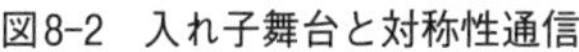
図8-2　入れ子舞台と対称性通信

てしまうと、たちまち矛盾が起きてしまいます。ですから、できるだけ通信できることには限りがあるという状態を作って、しかも計算のある程度の正確さと柔軟性を保つという、非常に微妙なラインを実現することが要求されます。

　そういう意味でも、ここでやっているような議論は、従来の数学の計算、あるいは単一の数学の舞台の上で展開することは、とても不可能だということになるわけです。舞台間でやり取りできることが限られているということ。「モノ」と「モノ」との通信はできないこと。基本的には、対称性しかやり取りできないこと。このように、舞台間の通信が限られているということが、かえって柔軟性をもたらしてくれるという、そういう状態を目指すわけです。

　その状況を、もう少し絵を使って説明しましょう。図８－２を見てください。いま、図８－２の左側のように、舞台Ａがあって、その中に入れ子で舞台Ｂが入っている、という状況を考えます。まさに、第

5章の図5－5で見たような、映像の中に映像があるという、そういう状態です。そして、小さい方の舞台Bにおけるq、つまりq_BのN乗と、舞台Aにおけるq、つまりq_Aがほぼ対応しているという状況になっています。この状態で、図の二人が電話で通信をしながら、一緒に計算します。

もちろん、通信できること、つまり、異なる宇宙の間の壁を越えることができるのは、対称性だけですから、ここでは「対称性通信」をしているわけです。互いに、自分のやっている計算を、対称性、つまり群の言葉に翻訳して、相手に伝えます。情報を受け取った側は、受け取った対称性の情報をもとにして、計算の対象や手順を復元するというわけです。そうして、図8－2の右側のような結論にいたります。対称性通信の際にどうしても生じる「不定性」というか、「ひずみ」のせいで、q_A^Nとq_B^Nが等しいという、完璧な等式を得ることはできませんが、ほぼ等しいという感じの結果が得られるわけです。

テータ関数

しかしながら、ここで重要なことは、いままでに何回も述べてきましたが、もちろん、通信できることには限りがあるので、どうしても不定性が生じるということでした。不定性や「ひずみ」が生じるのは、「対称性通信」の宿命です。しかし、それは本質的なものでもあります。なにしろ、異なる数学の舞台間の壁を乗り越えるためには、群の言葉に翻訳しなければなりませんから、どうしても翻訳や復元のときに不定性が生じるのです。ですから、大事なことは、このような不定性は根源的なものだと認めて、それを最小限にすることと、どのくらいの不定性が生じたのかを計測し、評価する手段を講じることです。そして、ここにＩＵＴ理論の真骨頂があります。

まず、不定性やひずみの波から、通信内容を守るための方策についてです。ＩＵＴ理論は、この点について、大変精密な工夫を凝らします。その工夫の方法は、かなり高度に技術的な問題になりますから、そのすべてをここで説明することは、なかなか難しいと感じます。しかし、その一つのアイデアを紹介しましょう。

舞台間の通信において、お互いの計算を同期させるために重要な通信内容は、なんといっても、qのN乗という量を計算する仕方です。これをそのまま伝えようとしても、そのままでは不定性の波にもまれてしまって、意味のある通信ができません。なぜかというと、ひとつ「q^N」という値だけが相手だと、その対称性は、あまり豊かではないからです。対称性が豊かで複雑でないと、対称性通信の最後の段階、つまり、受け取った対称性の情報から、モノを復元する段階で、激しい不定性が生じます。その不定性があまりに大きいと、復元されたものは、もとのものとは似ても似つかないものになってしまうでしょう。そうなれば、せっかくの舞台間通信も、だいなしになってしまいます。

ですから、これをなにか、もっと対称性が豊かで複雑なものに置き換えなければなりません。具体的には、豊かな対称性と結びついたもので、上手に梱包して、送り出すということになります。そのために、ＩＵＴ理論では、ある工夫がなされます。「q^N」を、そのまま数として通信するのではなく、「テータ関数」と呼ばれる、非常に豊かな対称性と結びついた関数の、ある特殊な点での値、というように考えます。一個の数という、それだけでは対称性から程遠いものを、テータ関数の特殊値として解釈することで、不定性に強い梱包が可能になるのです。

つまり、数の方をそのまま通信しようとするのではなく、この関数の方を通信します。テータ関数は、非常に多くの対称性と強固に関係していますから、その対称性を群の情報にして、相手の舞台に送ってやれば、受け取った側は、テータ関数をかなりの精度で復元することができます。

実は、このテータ関数というのは、いままでにも何度か出てきた「楕円曲線」の対称性と、密接に関係しています。IUT理論は、その計算の通信のための切り札として利用するのは、実は我々のポケットの中にも入っている数学の対象だったのです。

テータ関数というのは、もちろんそれは一つの関数なのですが、それにまつわる対称性が、点付きの楕円曲線という、遠アーベル幾何学の対象である双曲的代数曲線の幾何学と関係しているため、まさに遠アーベル幾何学の手法を用いて復元されるのです。そして、そのようにして復元されたテータ関数の特殊値をとることで、望みの通り、q^Nの計算に必要なデータを受け取ることができます。

前章でも述べた通り、対称性による復元が、かなりの程度うまくいく枠組みとして、「遠アーベル幾何学」がありました。そこでは、「アーベル的＝可換」から遠い、つまり、十分に構造が複雑な対称性の群からだと、数論幾何学の対象が、かなり精巧に復元されるということを述べました。ＩＵＴ理論で遠アーベル幾何学が重要な役割を果たす理由が、ここにあります。

ひずみの計測

もちろん、ここまで一生懸命に工夫をしても、どうしても不定性は残ります。そして、その不定性は、異なる数学の舞台の間で、非常に限られた通信手段によってやり取りをすることによる、本質的なひずみです。ですから、それを完全に拭い去ることはできませんし、そういうことを考えるのは、あまり意味のあることではありません。むしろ、この「ひずみ」を定量的に計測して、形式的ではなく、ちゃんとした数学の等式なり不等式を得ることの方が重要です。そして、IUT理論の真に驚くべき主張は、この「ひずみの計測」が可能だ、ということにあります。それこそがIUT理論が主張している「基本定理」なのです。

右で得られていた結果は、

$$N\log(q_A) \fallingdotseq \log(q_A)$$

というものでした。この「≒」という記号は、これは完全な等号ではなく、軽微だが不定性がある、ということを示しているものです。「IUT理論の基本定理」は、この軽微な不定性を定量的に評価できることを主張しています。そして、これによって、IUT理論では、次のような形の不等式が得られます。

$$N \log(q_A) < \log(q_A) + c$$

これはこの章の最初に述べた、我々の目標としていた不等式です。これによって、q_Aがめでたく小さいということがわかります。

この章の最初の方や第5章の終わりでは、

$$\deg \Theta \leqq \deg q + c$$

という不等式が、目指す不等式だということを述べましたが、これが実は、ここで説明したものに他なりません。左辺のΘ（テータ）というのは、テータ関数（の値の集まり）を表す記号です。舞台Aのq_Aは、舞台Bに通信されるとΘになります。ですから、これが舞台Bではq_B^Nに対応するものだということになります。ですから、その次数（degree）計算の結果は、

$$N \deg q$$

になります。よって、

$$\deg q$$

は小さい、という結論が得られるわけです（degとlogの違いは、あまり気にされなくて結構です）。

局所と大域

ここで最後に、ちょっとだけ、ＩＵＴ理論の本質に触れる部分ではあるが、どうしても技術的な側面にも、ある程度言及しなければならない部分について、述べることにします。

右では、入れ子になった数学の舞台と、その間の対称性通信などを駆使して、従来のやり方では、少なくとも難しそうに思われた不等式を、新しい柔軟性によって導く過程を見てきました。これはこれだけで、もちろん、ＩＵＴ理論の極めて重要な一面を描いていることに変わりはありませんが、しかし、実は、例えばＡＢＣ予想の証明にまで行くには、これだけでは不十分です。

実際には、以上の計算と、「数体の復元」と呼ばれる、もう一つの類似の計算について考えなければなりません。それだけでなく、実はそれらの計算を、無限個一斉に行わなければならないのです。このあたりの事情については、どうしても、技術的な問題がつきまといますから、できるだけ手短に、わかりやすく解説してみることにします。

実は「数」の世界を論じるときには、専門家が「局所理論」と呼ぶものと、「大域理論」と呼ぶものの、二つの側面があります。これはなかなか難しいことなのですが、例えば、次のような簡単な例で説明しましょう。

なんでもよいですから、自然数を一つ考えてください。私が、それをあなたから教えてもらわなくても、なんなのか当てたいとします。そのため、私はあなたにいろいろと質問し、あなたはそれに正直に答えるとしましょう。まず、私はそれが偶数か奇数か尋ねます。もちろん、これだけで、その数はわかりません。そこで、次には、その数を3で割った余りを尋ねます。そうすると、私はその数を2で割った余りと、3で割った余りを知るので、少しその数について条件が絞れます。具体的には、その数を6で割った余りを知ることができます。例えば、その数が奇数（2で割って1余る）で、3で割って2余るのだとしたら、それは6で割って5余る数です。

もちろん、これだけでは不十分なので、次に私は、その数を5で割った余りを尋ねます。こうすると、私はその数を、今度は30で割った余りを計算することができます。ですから、例えば、私はなにかの手段で、あなたの考えている数が30以下だとわかっていたら、これで完全にあなたが考えた数を当てることができます。しかし、一般には、まだわかりません。

というわけで、次には7で割った余りを尋ね、次には11で割った余りを尋ね、という具合に、次々に素数で割った余りを尋ねます。そうすれば、次第に、私はその数について正確な情報を得ることができます。しかし、この方法では、いつまでたっても、完璧な答えを得ることはできません。素数は無限に多くあるからです。

ここで繰り広げた「数当てゲーム」は、実は数の世界の「局所と大域」の違いを、よく表しています。実は、あなたの数そのものがなにか、という情報は「大域的」な情報ですが、それに対して、各素数での余りはなにか、という情報は、各素数ごとの「局所的」な情報です。

ここで、数の話なのに「局所」とか「大域」とか、なにやら幾何的な用語が使われているのには、実は深い理由があるのですが、ここではその詳細には立ち入らないことにします。ただ、「素数での余り」を知って、その数自体を得ようとすることは、例えば、地球のような大きな図形の大域的な形を調べるために、地球上の各地点の局所的な様子を、くまなく調べようとするようなものです。各々の素数での余りを求めるということは、それぞれの素数という「地点」において、その地点での数の「局所的な」様子を調べることに似ています。ですから、これをすべての素数について行えば、どんな数も復元することができます。局所的な情報を束にすれば、大域的な情報をある程度まで正確に知ることができる、というわけです。

このように、数の理論には「局所的」な情報や理論があり、また「大域的」な情報や理論があります。そして、地球の例でもわかるように、局所理論よりも大域理論の方が、往々にして難しいのです。ですから、数論の様々な問題について考える際には、数の局所的な情報を束ねて、最終的には大域的な情報を得ることを目指さなければなりません。ABC予想や、第4章で紹介したような、それに同値な様々な予想問題についても同様です。

そして、実は、すでにやったような、「qという数が小さいこと」の証明は、すべて局所理論です。ですから、実際には、これらを束ねて、数の大域理論にまで仕立て上げなければなりません。その際、右の数当てゲームにおいて見たように、基本的には局所理論を無限個束ねなければ、大域的なことにはアプローチできないのです。

精密な同期

以上は、数論における局所理論と大域理論についての、一般的な注釈でした。しかし、IUT理論については、この局所と大域という側面に関連して、特別に重要な問題があります。それは、そもそもIUT理論というものが生まれてくるモティベーションに、密接に関係しています。

第3章でも述べたように、望月教授にとって、IUT理論のような壮大な理論を手掛けようと思った原点には、ホッジ-アラケロフ理論という、楕円曲線の極めて深遠な構造を明らかにした理論がありました。実は、この理論自体は大域的に成立する理論なのですが、ABC予想と関連する側面は局所的にしか実現できない理論となっています。そして、彼は西暦2000年頃に、理論のこういった側面の大域版さえ構築できれば、それでABC予想が解けるということに気づいたのでした。

しかし、数体というものが本来的にもっている「頑強な」構造のために、望みの大域版を直接的に構築することはできない、というのが大きな障害だったのです。第3章でも述べたように、これは本当に不可能であることを徹底的に確認するために、望月教授は2年間の年月をかけてじっくり考えた、ということです。そして、本当にこれが「現在の数学」の枠組みでは不可能であることを確認したのち、彼は「新しい数学」を作り出すために、IUT理論の構築に向かったというのも、そこで述べた通りです。

ここで望月教授が考えたことは、おおよそ、次のようなことです。前節でも見たように、完璧な大域理論を構築するためには、少なくとも、すべての素数にわたって、局所理論を束ねなければなりません。もちろん、それだけでもうまくいかないかもしれませんが、しかし、すべての素点[1]で考えるというのは、現在の数学において数の理論を論じるためには、どうしても必要なことです。しかし、ホッジ-アラケロフ理論にとっては、それは端的に不可能なことでした。

そこで、望月教授は、全部ではないが、それでも無限個の素点を束ねて議論する、ということを考え始めたのです。もちろん、それは「数体」という数の世界を壊すことですので、従来の数学の枠組みを超えることです。全部ではない、部分的な素点の上で、数の理論を繰り広げること、そしてそれを、今度はガロア群による対称性を用いて、巧みに数体全体に拡張すること。このようにして、IUT理論では、従来のやり方からすれば、ちょっと常識はずれの方法で、数の大域理論を構築しようとしたのです。

(1) 素数のようなものだと思ってください。

それは、あたかも、素数を部分的にしか考えないようなもので、数の世界の様々な掟に反します。すなわち、数の構造を壊してしまうような行為なのです。別の言い方をすれば、その行為は「正則構造」の破壊を意味します。たし算とかけ算が絶妙に、そして複雑に両立した状況に抵触するわけです。ですから、望月教授のＩＵＴ理論にとって、たし算とかけ算が複雑に絡まり合った「正則構造」の上に成り立っている数の理論という考え方は、最初から超えなければならない問題だったのです。

それだけではありません。数の体系というのは、この局所的側面と、大域的側面が、とても絶妙に関連しているので、局所的な側面を束ねて大域的な性質に結実させるのは、一般的に非常に困難なことです。具体的には、無限個ある局所理論は、それぞれ完全に独立してやっていけばよいというわけではなく、お互いに同期を取りながら、関連性を保持する形で実行されなければならないのです。バラバラなものを束にしても、大域的な結果には結びつきません。その、とても気が遠くなるほど精密な同期を、人の手で一つ一つ作り上げるのですから、これはとても大変なことだったと思います。

この素点間の同期は、たし算構造とかけ算構造が、大域的に「つながる」ようになされなければなりません。一度、バラバラにしてしまった数の構造を、また作り直すのです。ですから、そのたし算とかけ算に対応する対称性を、上手に統制しながら、局所理論を束ねていくことが不可欠なのです。

この複雑で精密な仕組みを、映像で示そうとした動画があります。これは望月教授のホームペ

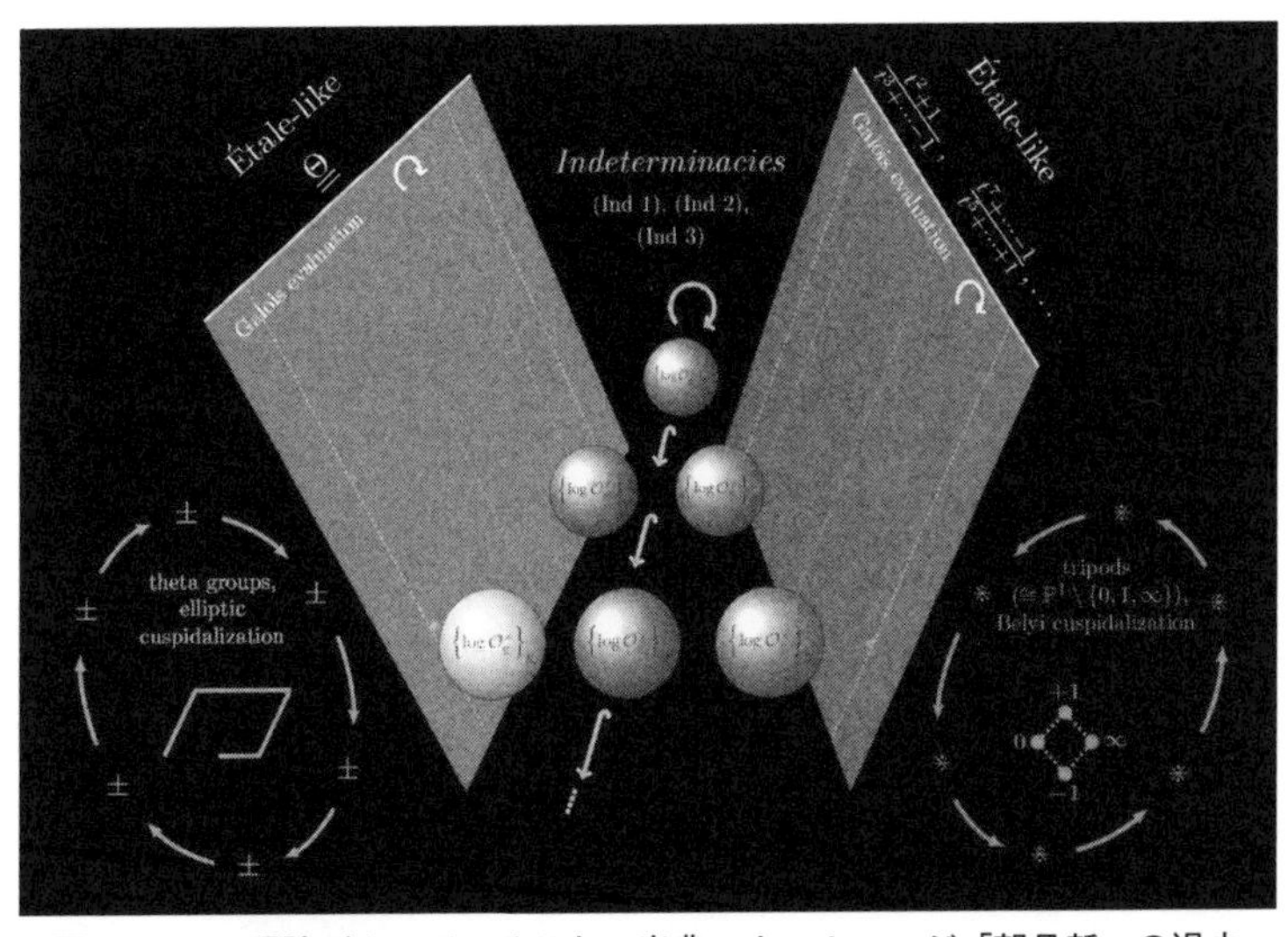

図8-3　IUT 理論がやっていること。出典　ホームページ「望月新一の過去と現在の研究」[2]

ージ[2]で紹介されているもので、その終わりの頃の部分の静止画を、図8―3に示します。

この動画では、左側で、我々が以前説明した、「q」と「Θ」による不等式の理論が展開されます。「q^{j^2}」と書かれているのが、テータ関数Θの値です。それぞれの素点ごとに、舞台間通信で得られた、これらの値が、下にある「対数殻(**log shell**)」と呼ばれるものの中に溜(た)まっていきます。

一方、右側では、この本で説明はしませんでしたが、やはり対称性通信を通じて「κ（カッパ）コア的関数」というものから復元された数体の情報が落ちてき

（2） http://www.kurims.kyoto-u.ac.jp/~motizuki/research-japanese.html

ます。そして、それも下の対数殻にポロポロと落ちていっています。

まとめ

最後は、ちょっと難しい話になってしまいました。難しいだけでなく、ちょっと中途半端な感じもします。これ以上の説明は、もちろん、非常に技術的に難しくなってしまいますから、本書の目論見からすると、もうすでにやりすぎの域に入り込んでしまいます。

ですが、それはともあれ、この本で伝えたかったことの本質的な部分は、以上の説明で、かなりの程度、読者の皆さんには伝わったのではないでしょうか。この本が目指していたこと、それは「ＩＵＴ理論という新しい理論が、いかに斬新で深遠な発想によって、数学の世界に革命を起こそうとしているか」ということを、できるだけわかりやすく伝えることでした。そして、そのために、ＩＵＴ理論の本体についても、技術的な難しさをできるだけ回避して、その基本思想のレベルのことを、できるだけ身近な例や比喩などを用いて説明することでした。そういう意味では、これまでの説明で、ＩＵＴ理論が目指している数学の変革が、いかに抜本的なものであるかということや、それでもなお、ＩＵＴ理論がやろうとしていることが、ある意味自然なことなのだということも含めて、かなりの部分、目標は達成できたのではないかと思います。

それでは、最後に、ＩＵＴ理論というものについて、いままで見てきたことをまとめましょう。

まず、それは、

ＩＵＴ理論は、どういうところに特徴があったのでしょうか？

・異なる数学の舞台を想定することで、欲しい状況を、まずは「同語反復的に」作り出す。

ということです。ここで「同語反復的に」と言っているのは、いままでにも何度か述べてきた、「形式的な対応」という意味です。一方、これは我々の言葉では、「大きさの異なるパズルのピース」を、映像の中の映像を使って、見かけ上、形式的に「はめ込む」ことに喩えられていました。

その上で、IUT理論は、

・舞台間の限られた通信手段を用いて、計算方法を伝達する。

ということを目論みます。これは、「対称性通信」と我々が呼んでいたものです。異なる舞台の間で、正則構造の壁を超えるためには、対称性の群を用いる必要があります。そして、そこから計算の対象や手順を回復するために、遠アーベル幾何学を応用していたのでした。

そして、最後に、

・「対称性通信」によって生じた「不定性・ひずみ」を、定量的に評価することで、不等式を導く。

ということをやるわけです。数学の舞台を複数用意することや、その間の通信のために、対称性の群を使うところなど、IUT理論には多くの斬新なアイデアがありましたが、ここで最後に、「対称性通信」をすることによって生じた「宇宙際不定性」を、定量的に評価して、値を出すことができる、というのは、IUT理論における、もっとも驚くべき主張の一つであろうと思います。

　こうやって改めて見てみると、IUT理論は、従来の数学とは非常に異なっているということが、よくわかると思います。

　もう一度述べますが、従来の数学は、単一の数学の舞台で、ものごとを実行します。しかし、IUT理論は複数の舞台で作業をするということで、それまでになかった柔軟な状況、つまり、従来の数学の視点からは「非常識な」柔軟性を手に入れる、というわけです。

　いかがでしたでしょうか。

　ここまで書いてきてみて、改めて、やはりIUT理論というのは、難しい理論だなと感じます。IUT理論について、専門家でない人にも、できるだけ、その基本思想がわかるように、というのが、この本の目標の一つでしたが、まぁ、このあたりが限界かなと思います。

　しかし、こういう形で、IUT理論が人類の数学に提唱していることはなんなのか、その新しい数学の思想とはどのようなものなのか、ということはある程度伝わったことでしょう。これが、望月新一さんという、いま我々が生きているこの時代の人が発表した数学における大革命的な理論だというわけなのです。しかし、それは革命的というだけでなく、自然な考え方であるということも、同時に伝えたいことでした。IUT理論は確かに技術的には難しい理論ですが、少なくともそれが意図するものは、珍奇な概念の複雑怪奇なからまり合いなどではなく、我々普通の人間が普通に理解できるような自然な考え方や発想に根差しているわけです。だからこそ、それは「凄い理論」なのだと思います。

おわりにかえて

川上量生（かわかみのぶお）

この本が生まれたきっかけは、MATH POWER 2017という数学のイベントの目玉企画として、一般人向けのＩＵＴ理論の解説を加藤文元（かとうふみはる）先生にお願いしたことに始まります。

MATH POWERは前年の２０１６年から、私が個人的にスポンサーをおこなっているイベントで、数学好きなひとたちで集まって数学のお祭りをしようというのがコンセプトです。もちろん、加藤文元先生のような本物の数学者にも講演にきていただきますが、基本は社会人や学生、数学者になる手前の数学徒のひとたちに参加していただいて、世の中に数学をもっと広めるというのが目的ですから、いわゆる数学の専門家が集まる学会などとはまったく違います。

ですが、世界中でもまだ完全に理解している人がそうそういないとも言われている、あのＩＵＴ理論について、世界でも初めてとなる一般人向けの解説がMATH POWERでおこなわれたということは、数学界でもある程度の波紋を広げたようで、講演のビデオを見たいという要望が海外からも寄せられました。

MATH POWER自体はニコニコ生放送でネット中継されていてアーカイブも公開されている

のですが、URLを取得したところで、海外の数学者にとってはニコニコ動画のアカウント取得も難しかったようですし、そもそも講演自体も日本語です。そこで、数学徒の有志により字幕をつけていただき、YouTubeに転載したというエピソードがあります。

反響の大きさに、これはきちんと書籍化をして世の中に出すべきではないかということを文元先生に提案したところ、前向きなお返事をいただきました。ですが、文元先生は相当な数の仕事を抱えているとのことで、はたして執筆のスケジュールが確保できるか、ということが危ぶまれました。こうして無事に完成する過程においては、文元先生に並々ならぬご苦労をさせてしまったことを、申し訳なく思っています。

手前味噌(みそ)でありますが、この本の出版の意義は大きいと思います。

まず、数学界において、ABC予想の解決とは、フェルマー予想の解決、ポアンカレ予想の解決につづく、一般社会でも話題になりうる、ひさしぶりの大事件であるということです。この偉業は日本から生まれたわけですから、一般人向けの世界初の解説書もぜひ日本から出したいという思いがありました。日本で出したことのメリットとしては、望月先生と個人的にも親交の深い文元先生に書いていただけたこと、望月先生自身にも内容を監修いただけたことがあります。それにより、たんにABC予想の解決という切り口ではなく、望月先生が築かれたIUT理論とはなにかという、より革命的な事件をメインテーマに据えることができました。

実はこの本の原稿を読むまで、私は文元先生がそこまで望月先生と親しいということは知りませんでした。むしろ文元先生は望月先生との個人的な友情を大事にされたいということから、望月先生とのエピソードは、公には話されてこなかったようです。どうやら想像以上に、このひとしかないという適切な方に、知らずにお願いしていたということで、不思議な縁を感じます。

文元先生と私が知り合ったのは最近のことなのですが、驚いたことにまったくの同い年です。大学4年間は、お互い面識はありませんでしたが、京都大学の百万遍のキャンパスで一緒に学んでいたことになります。文元先生は理学部で、工学部の私にとっては下宿していた北白川からの毎日の通学路上に理学部の校舎がありましたから、一度くらいはすれ違っていたこともあったでしょう。

文元先生は理学部で最初は生物学を学んでいたそうですが、数学の道を進みました。私は工学部で化学を専攻していましたが、卒業後、IT業界に入りました。出発地点も現在地点も異なる2人をつないでくれたのは、私が個人的に数学を教えて貰っている中澤俊彦さんです。中澤さんもやはり京都大学で文元先生のもと数学を学んでいたのですが、いったん数学の道は諦め就職したものの、数学への思い断ち切れず、数学の研究のために一流企業を退職した方です。

中澤さんの仲間と文元先生が定期的におこなっている飲み会に私も誘われ、同い年だということも相まって、すっかり意気投合しました。

IT業界は、いま、ディープラーニングなどの人工知能（AI）ブームの真っ只中ですが、数学界でもディープラーニングに対して、数学的見地からの関心が高まっているとのことです。いま、ドワンゴのAI技術者と文元先生とで一緒に、ディープラーニングと数学の関係についての最新の論文の勉強会をおこなったりしています。

ある日のこと、文元先生から相談を受けました。

望月先生がＩＵＴ理論を説明するＣＧアニメをつくって公開しているのだけれども個人でつくったものなので見栄えに不満があり、専門のアニメ会社にきちんと作り直してもらいたいそうなのだけど、どこか紹介してもらえないか、という内容でした。

数学者も理解できていないＩＵＴ理論のＣＧを望月先生の要望を理解して制作できるアニメ会社などあるわけないのですが、幸い私の数学の別の先生にすうがくぶんか社の梅崎直也さんというひとがいて、現在、公開されているＣＧの範囲であれば、コミュニケーションの手助けで間に立つことぐらいならできるかもしれないと名乗り出てくれました。

どうせならということで庵野秀明監督に相談をしたところ、ＣＧの見た目を綺麗にするということぐらいでよければということで、スタジオカラーで引き受けてくれることになりました。

残念ながら、望月先生も忙しい人で、ＩＵＴ理論のＣＧについてじっくり落ち着いて検討する時間がなかなかとれないこともあり、本格的にとりかかれるのは数年後ということです。実現するのは時間がかかりそうですが、日本発のＩＵＴ理論を説明するＣＧアニメを日本を代表する映像作家の庵野監督が手がけるというのも、すごく夢のある話だと思います。

ＩＵＴ理論そのものは、私には到底、理解できるものではありませんが、発想だけお借りしてＩＵＴ理論を用いて下手な比喩を試みてみました。およそ人間が抱く夢とは、この宇宙とは近いけれど、この宇宙ではない、別の宇宙に実在する現実なのかもしれません。日本の若い世代の理系離れが叫ばれていますが、この本に描かれた素敵な夢にテータリンクして、若い読者のみなさんの中から、新たなる数学の大発見をする人が現れてくれればと、願わずにはいられません。

（株式会社ドワンゴ顧問）

イラスト　石川ともこ
DTP　フォレスト

本書は書き下ろしです。

加藤文元（かとう　ふみはる）
1968年、宮城県生まれ。東京工業大学理学院数学系教授。京都大学理学部卒業、同大学大学院理学研究科博士後期課程（数学・数理解析専攻）修了。博士（理学）。京都大学准教授、熊本大学教授などを経て、2015年より現職。その間、ドイツのマックス・プランク研究所研究員、フランスのレンヌ大学やパリ第6大学の客員教授なども歴任。著書に『数学する精神』『物語 数学の歴史』『ガロア』（以上、中公新書）、『数学の想像力』（筑摩選書）など。

宇宙と宇宙をつなぐ数学　IUT理論の衝撃

2019年4月25日　初版発行

著者／加藤文元

発行者／郡司 聡

発行／株式会社KADOKAWA
〒102-8177　東京都千代田区富士見2-13-3
電話 0570-002-301（ナビダイヤル）

印刷所／旭印刷株式会社

製本所／本間製本株式会社

●お問い合わせ
https://www.kadokawa.co.jp/（「お問い合わせ」へお進みください）
※内容によっては、お答えできない場合があります。
※サポートは日本国内のみとさせていただきます。
※Japanese text only

定価はカバーに表示してあります。

ISBN 978-4-04-400417-0　C0041